PHOTOGRAPHIC GUIDE TO BIRDS
OF GUANGDONG LECHANG

广东乐昌
鸟类图鉴

黄志雄　梁亦淦　周　宏◎主编

SPM 南方出版传媒

广东科技出版社 | 全国优秀出版社

·广　州·

图书在版编目（CIP）数据

广东乐昌鸟类图鉴 / 黄志雄，梁亦淦，周宏主编. —广州：广东科技出版社，2019. 10

ISBN 978-7-5359-7251-4

Ⅰ．①广… Ⅱ．①黄…②梁…③周… Ⅲ．①鸟类—乐昌—图集 Ⅳ．① Q959.708-64

中国版本图书馆 CIP 数据核字（2019）第 188921 号

广东乐昌鸟类图鉴

出　版　人：朱文清
责任编辑：罗孝政
封面设计：柳国雄
责任校对：谭　曦　李云柯
责任印制：彭海波
出版发行：广东科技出版社
　　　　　（广州市环市东路水荫路 11 号　邮政编码：510075）
销售热线：020-37592148 / 37607413
http://www.gdstp.com.cn
E-mail：gdkjzbb@gdstp.com.cn（编务室）
经　　销：广东新华发行集团股份有限公司
印　　刷：广州市岭美文化科技有限公司
　　　　　（广州市荔湾区花地大道南海南工商贸易区 A 幢　邮政编码：510385）
规　　格：889 mm×1 194 mm　1/16　印张 16.25　字数 325 千
版　　次：2019 年 10 月第 1 版
　　　　　2019 年 10 月第 1 次印刷
定　　价：228.00 元

《广东乐昌鸟类图鉴》
编委会

组织单位：乐昌市林业局

　　　　　韶关市野生动植物和自然保护区管理办公室

　　　　　广东省乐昌林场

顾　　问：邹文军　赵克生

主　　审：胡慧建

主　　编：黄志雄　梁亦淦　周　宏

副 主 编：袁倩敏　罗泽清

编　　委：张清福　姚邦益　罗健红　邱伯廉　邝兆勇

　　　　　柯培峰

主要摄影：梁亦淦　黄志雄

文字整理：袁倩敏　黄源欣

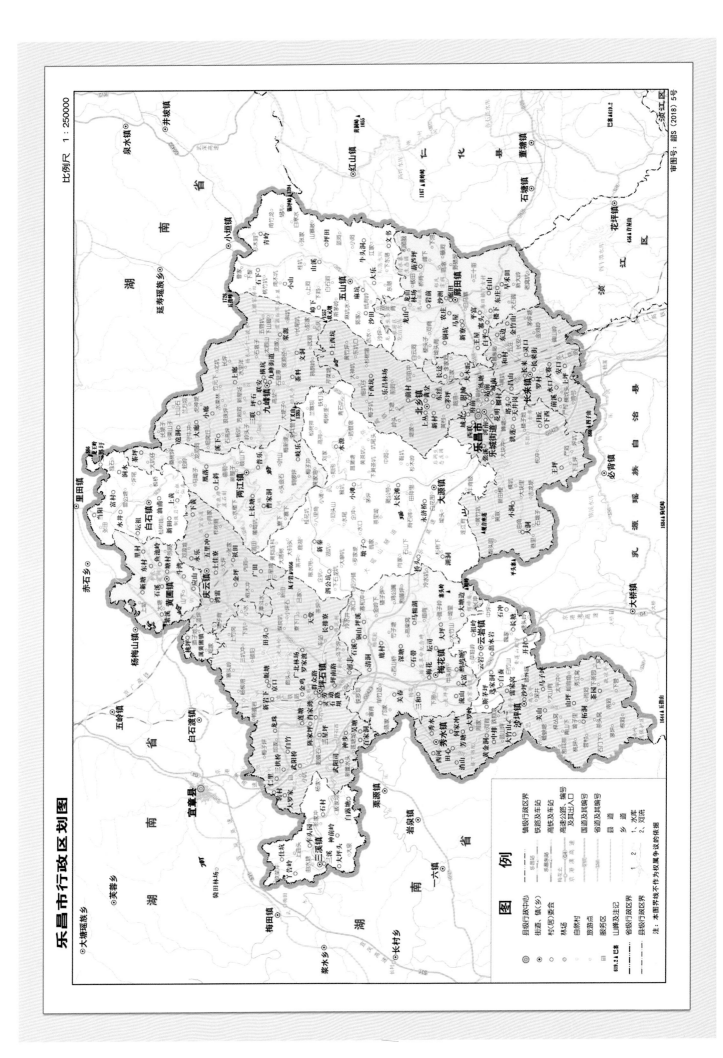

乐昌市行政区划图

比例尺 1：250000

审图号：韶S（2018）5号

序

PREFACE

———

　　乐昌市位于广东省北部，是广东省的"北大门"，国土面积2 421平方千米。乐昌市的地形地貌总体属于山地丘陵区，地势北高南低，东北部至西南部多为中、低山地，西部为石灰岩溶蚀山地，西北部为红色砂岩盆地（丹霞地貌），东南部为丘陵宽谷盆地。境内群山起伏，海拔千米以上的山峰有150多座，多样的植被资源和栖息环境孕育了丰富的鸟类资源。此外，由于南北温度差异大的原因，南北走向的南岭山脉成为喜温鸟类的重要迁徙通道，而乐昌正是位于这条通道之上，为季节性迁徙的喜温鸟类提供了避寒庇护地和中途停歇地。

　　然而，随着人类的活动、社会的发展，野生鸟类栖息地受到破坏，它们的生存面临着威胁。鸟类是自然生态系统的重要组成部分，是自然界生物链中的重要一环，是人类生存环境质量的重要指标物种，在人类生存发展的道路上，鸟类有着不可替代的作用。韶关、乐昌两地林业部门高度重视，加大了对野生鸟类的保护行动，至今乐昌已建立了3个省级自然保护区，保护面积达2.48万公顷。

　　从2010年开始，乐昌鸟类保护志愿者梁亦淦等人就开始对乐昌的野生鸟类资源进行调查、拍摄、资料收集，特别是从2017年上半年开始到出版本书时，几乎每天都奔波于山林、田间地头拍摄，目前已拍摄并鉴定出鸟类220多种，加上野生动物保护部门开展的历年调查记录数据，总共记录到鸟类18目54科244种，可实际上乐昌的鸟类还有没被调查记录在册的。

　　在此，呼吁大家通过本书重新了解乐昌鸟类，发现乐昌的生态之美，积极关注和参与乐昌鸟类及生态环境的保护。我相信，只要大家积极参与，共同努力保护，乐昌的鸟类资源会越来越丰富，乐昌的生态会越来越美。

广东省生物资源应用研究所研究员、博士　胡慧建

2018年12月

眼先

头顶　枕

喙　额　耳羽　上颈　下颈　侧颈

眼圈　颊　背

颔　肩

喉　腰

前颈　尾上覆羽

尾

胸　尾下覆羽

腹　肋　初级飞羽

次级飞羽

次级覆羽

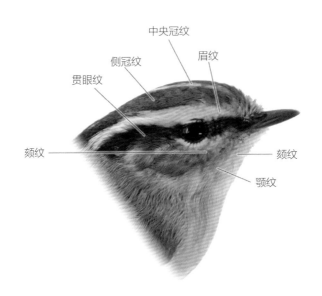

中央冠纹

侧冠纹　眉纹

贯眼纹

颊纹　颊纹

颚纹

鸟类识别图

目 录

CONTENTS

小䴙䴘

Tachybaptu ruficollis

目	䴙䴘目 PODICIPEDIFORMES
科	䴙䴘科 Podicipedidae
俗名	水葫芦、王八鸭子、油鸭、刁鸭、水皮溜

外观特征 成鸟春秋季嘴黑色，但前端呈象牙白色，脖子红褐色，尾白色。冬季嘴前端变土黄色，脖子变浅黄色。幼鸟的头和颈部有明显的白色斑纹，嘴角有明显的乳黄色斑。

栖息环境 栖息于多水草的水塘、湖泊、江河和沼泽。

活动规律 各自寻食，但大量的鸟常取食于同一地点。

食　　性 主要捕食小鱼，也食水生无脊椎动物，偶尔食水生植物。

保护级别	三有物种	生态类型	游禽
居留类型	留鸟	体　长	27 cm

普通鸬鹚

Phalacrocorax carbo

目	鹈形目 PELECANIFORMES
科	鸬鹚科 Phalacrocoracidae
俗名	鱼鹰、水老鸭、海鹈鸬鹚、黑鱼郎、乌鬼、雨老鸦

外观特征 背部羽毛黑色，有光泽，嘴厚重，脸颊及喉白色。繁殖期颈及头饰以白色丝状羽，两胁具白色斑块。亚成鸟深褐色，下体污白色。雌雄同色。

栖息环境 栖息于河流、湖泊、池塘、水库。

活动规律 常呈小群活动。善游泳和潜水。

食　　性 主要以鱼类为食。

致危因素 鸬鹚因捕鱼本领高超，长期以来被捕捉驯养用来捕鱼。

保护级别	三有物种	生态类型	游禽
居留类型	冬候鸟	体　长	90 cm

鹈形目　鸬鹚科

苍鹭

Ardea cinerea

目	鹳形目 CICONIIFORMES
科	鹭科 Ardeidae
俗名	长脖老、灰鹳、灰鹭、青庄、深水径

外观特征 全身羽毛灰色为主，头顶长有形似辫子的黑色羽冠，胸前有两道黑色纵斑，头、颈、胸及背近白色，其他部位灰色。冬季羽冠脱落。

栖息环境 栖息于江河、溪流、湖泊、海岸等水域岸边及浅水处。

活动规律 性孤僻，在浅水中捕食。冬季有时成大群。飞行时翼显沉重。停栖于树上。

食　　性 主要以鱼类、水生昆虫、蛙类等动物性食物为食。

保护级别	广东省重点保护物种、三有物种	生态类型	涉禽
居留类型	冬候鸟	体　长	95 cm

鹳形目　鹭科

3

大白鹭

Ardea alba

目	鹳形目 CICONIIFORMES
科	鹭科 Ardeidae
俗名	白鹭鸶、鹭鸶、大白鹤、白鹤鹭、白漂鸟、鸶满贯、雪客

外观特征： 全身白色，颈部具特别的扭结。繁殖期脸部裸露皮肤蓝绿色，嘴黑色，腿部裸皮红色，脚细长、黑色，背部长出长蓑羽。非繁殖期脸部裸露皮肤黄色，嘴黄色。

栖息环境： 栖息于河流、湖泊、海滨、河口及沼泽地带。

活动规律： 一般单独或成小群活动。站姿甚高直，从上方往下刺戳猎物。飞行优雅，振翅缓慢有力。

食　　性： 主要以鱼类、虾类及水生昆虫为食。

保护级别	广东省重点保护物种、三有物种	生态类型	涉禽
居留类型	冬候鸟	体　长	95 cm

中白鹭

Egretta intermedia

目	鹳形目 CICONIIFORMES
科	鹭科 Ardeidae
俗名	春锄

外观特征：体型大小介于白鹭与大白鹭之间，嘴黄色但尖端带黑色，颈呈"S"形，翅大而长，脚和趾均细长。繁殖期背及胸部有松软的长丝状羽，嘴及腿短期呈粉红色，脸部裸露皮肤灰色。

栖息环境：栖息于稻田、湖畔、沼泽地、红树林及沿海泥滩。

活动规律：常单独或成对活动，与其他水鸟混群营巢。警惕性强。

食　　性：主要以鱼类、虾类，以及其他水生、陆生昆虫为食。

保护级别	广东省重点保护物种、三有物种	生态类型	涉禽
居留类型	冬候鸟	体　长	69 cm

鹳形目　鹭科

5

小知识

　　白鹭在广东被称为"白鹤"，是一种寓意吉祥的鸟类。

白鹭

Egretta garzetta

目	鹳形目 CICONIIFORMES
科	鹭科 Ardeidae
俗名	白鹭鸶、白翎鸶、小白鹭、一杯鹭、白鸟、鹭鸶

外观特征　全身体羽纯白色，繁殖期颈背具细长饰羽，背、胸部羽毛状如蓑衣。嘴及腿黑色，趾黄色。

栖息环境　栖息于稻田、河岸、沙滩、泥滩及沿海小溪等处。

活动规律　结成散群进食，常与其他种类混群活动。休息时脖子常缩成"S"形，一脚收于腹下，仅以一脚独立于水边。夜晚飞回栖息处时队形呈"V"形。

食　　性　主要以鱼类、虾类、蛙类等为食。

保护级别	广东省重点保护物种、三有物种	生态类型	涉禽
居留类型	留鸟、冬候鸟	体　长	60 cm

鹳形目　鹭科

6

小知识

因其常站立于水牛背上或旁边，捕食水牛从草地上引来或惊起的昆虫，而得名"牛背鹭"。

牛背鹭

Bubulcus ibis

目	鹳形目 CICONIIFORMES
科	鹭科 Ardeidae
俗名	黄头鹭、畜鹭、放牛郎

外观特征　繁殖期体白色，头、颈、胸沾橙黄色，虹膜、嘴、腿及眼先短期呈亮红色，余时橙黄色。非繁殖期体白色，仅部分鸟额部沾橙黄色。

栖息环境　栖息于草地、湖泊、水库、水田及沼泽。

活动规律　常成对或 3~5 只活动，有时亦单独或集成数十只的大群。休息时喜站在树梢上，常伴随牛活动。

食　　性　捕食昆虫及水生动物。与家畜及水牛关系密切，捕食家畜及水牛从草地上引来或惊起的昆虫。

保护级别	广东省重点保护物种、三有物种	生态类型	涉禽
居留类型	留鸟、冬候鸟	体　长	50 cm

鹳形目　鹭科

池鹭

Ardeola bacchus

目	鹳形目 CICONIIFORMES
科	鹭科 Ardeidae
俗名	红毛鹭、红头鹭鸶、沙鹭

外观特征 繁殖期头及颈深栗色，胸紫色，嘴黄色，尖端黑色，脸部裸露皮肤黄绿色。非繁殖期翼白色，身体具褐色纵纹，飞行时体白色而背部深褐色。

栖息环境 栖息于稻田、沼泽、池塘。

活动规律 单独或成分散小群觅食。每晚三两成群飞回栖息处，常与其他水鸟混群营巢。

食　性 主要以水生昆虫、甲壳类、小鱼、蛙类等为食。

保护级别	广东省重点保护物种、三有物种	生态类型	涉禽
居留类型	留鸟、冬候鸟	体　长	47 cm

鹳形目　鹭科

8

绿鹭

Butorides striata

目	鹳形目 CICONIIFORMES
科	鹭科 Ardeidae
俗名	绿蓑鹭、鹭鸶、打鱼郎、绿背鹭

外观特征 成鸟顶冠及长冠羽具闪绿黑色光泽，一道黑线自嘴基部过眼下及脸颊延至枕后，两翼及尾青蓝色并具绿色光泽，羽缘皮黄色，腹部粉灰色，颏白色。

栖息环境 栖息于池塘、溪流、湖泊、水库林缘及稻田，或芦苇地、灌丛及红树林等植被覆盖浓密处。

活动规律 性情孤僻、羞怯。结小群营巢。

食　　性 主要以鱼类、虾类、蛙类等为食。

保护级别	广东省重点保护物种、三有物种	生态类型	涉禽
居留类型	冬候鸟、留鸟	体　长	43 cm

鹳形目　鹭科

9

小知识

通常于黄昏后从栖息地分散成小群于浅水处涉水觅食，也单独伫立在水中的树桩或树枝上，眼睛紧紧地凝视着水中等候猎物。清晨太阳出来以前，陆续回到树上隐蔽处休息，故得名夜鹭。

夜鹭

Nycticorax nycticorax

目	鹳形目 CICONIIFORMES
科	鹭科 Ardeidae
俗名	水洼子、灰洼子、苍鸹、星鸦、夜鹰、夜鹤、夜游鹤

外观特征 成鸟顶冠黑色，颈及胸白色，颈背具两条白色丝状羽，背黑色，两翼及尾灰色，虹膜鲜红色，喙黑色，脚黄色。雌鸟体型较雄鸟小。亚成鸟具褐色纵纹及点斑，虹膜黄色。

栖息环境 栖息于溪流、沼泽、池塘。

活动规律 黄昏时鸟群分散进食，发出深沉的呱呱叫声。结群营巢于水上悬枝。

食　　性 主要以鱼类、虾类、蛙类、昆虫为食。

保护级别	广东省重点保护物种、三有物种	生态类型	涉禽
居留类型	留鸟、夏候鸟	体　长	61 cm

鹳形目
鹭科

◆陈久桐 摄

海南鸦

Gorsachius magnificus

目	鹳形目 CICONIIFORMES
科	鹭科 Ardeidae
俗名	白耳夜鹭

外观特征 上体、头侧斑纹、冠羽及颈侧线条深褐色，胸具矛尖状皮黄色长羽，羽缘色深，上颈侧橙褐色，翼覆羽具白色点斑，翼灰色。成年雄鸟具粗大的白色过眼纹，颈白色，胸侧黑色，翼上具棕色肩斑。嘴偏黄色，嘴端色深，脚黄绿色。

栖息环境 栖息于林中溪流旁和沼泽地旁的浓密低矮灌草丛。

活动规律 不喜群居，不喜鸣叫，为夜行性鸟类，白天隐于密林，晨昏在水体附近取食和活动。

食　　性 主要以小鱼、蛙类和昆虫等为食。

保护级别	国家二级重点保护动物	生态类型	涉禽
居留类型	留鸟	体　长	58 cm

◆钟锡姣　摄

黄斑苇鸭

Ixobrychus sinensis

目	鹳形目 CICONIIFORMES
科	鹭科 Ardeidae
俗名	小黄鹭、水骆驼、黄小鹭

外观特征 成鸟顶冠黑色，上体淡黄褐色，下体皮黄色，黑色的飞羽与皮黄色的覆羽形成强烈对比。亚成鸟似成鸟，但褐色较浓，全身满布纵纹，两翼及尾黑色。

栖息环境 栖息于沼泽、湖泊旁的浓密植物丛中，也在稻田中活动。

活动规律 常单独或成对活动于清晨或傍晚。性机警，遇有干扰，立刻伫立不动。

食　　性 主要以小鱼、虾类、蛙类、水生昆虫等动物性食物为食。

保护级别	广东省重点保护物种、三有物种	生态类型	涉禽
居留类型	留鸟、夏候鸟	体　长	32 cm

鹳形目　鹭科

栗苇鳽

Ixobychus cinnamomeus

目	鹳形目 CICONIIFORMES
科	鹭科 Ardeidae
俗名	粟小鹭、独春鸟、小水骆驼、黄鹤、红鹭

外观特征 雄鸟上体栗色，下体黄褐色，喉及胸具由黑色纵纹而成的中线，两胁具黑色纵纹，颈侧有白色纵纹。雌鸟色较暗淡，褐色较浓。

栖息环境 栖息于稻田或草地。

活动规律 性羞怯、孤僻，夜晚较活跃，受惊时一跳而起，飞行低。

食 性 主要以小鱼、蛙类和水生昆虫为食。

保护级别	广东省重点保护物种、三有物种	生态类型	涉禽
居留类型	留鸟、旅鸟	体 长	41 cm

鹳形目 鹭科

13

绿翅鸭

Anas crecca

目	雁形目 ANSERIFORMES
科	鸭科 Anatidae
俗名	小凫、小水鸭、小麻鸭、巴鸭、八鸭、小蚬鸭

外观特征　雄鸟头部呈栗色，自眼周往后有一宽阔的具金属光泽的绿色带斑，经耳区向下与另一侧相连于后颈基部，皮黄色的贯眼纹横贯头部，肩膀上有一道长长的白色条纹，尾下羽外缘有皮黄色斑块，其余体羽多灰色。雌鸟上体具有褐色斑驳，腹部色淡。飞行时能见明显绿色翼镜。

栖息环境　栖息于河口、湖泊、沼泽及沿海地带。

活动规律　喜集群活动。飞行疾速有力，呈直线或"V"形队形迁徙。

食　　性　主要以水生植物的叶、茎、种子为食。

保护级别	三有物种	生态类型	游禽
居留类型	冬候鸟	体　长	37 cm

小知识

斑嘴鸭是中国家鸭祖先之一，其野生种群曾极为丰富，目前该种群正在下降，应注意对该种群和生境的保护和管理。

斑嘴鸭

Anas poecilorhyncha

目	雁形目 ANSERIFORMES
科	鸭科 Anatidae
俗名	花嘴鸭、黄嘴尖鸭、稗鸭、大燎鸭、谷鸭、火燎鸭

外观特征 体大的深褐色鸭。头色浅，头顶及贯眼纹色深，嘴黑色而嘴端黄色，繁殖期黄色嘴端顶尖有一黑点为本种特征，喉及颊皮黄色。飞行时翼镜呈金属蓝色或绿紫色。

栖息环境 栖息于河口、湖泊、沼泽及沿海地带。

活动规律 常成群活动，也和其他鸭类混群。善游泳和行走，极少潜水。

食　　性 主要以植物性食物为食。

保护级别	三有物种	生态类型	游禽
居留类型	冬候鸟、留鸟	体　长	60 cm

雁形目　鸭科

15

黑冠鹃隼

Aviceda leuphotes

目 隼形目 FALCONIFORMES

科 鹰科 Accipitridae

外观特征 黑色的长冠羽常直立头上，整体体羽黑色，胸具白色宽纹，翼具白斑，腹部具深栗色横纹，两翼短圆，飞行时翅膀看上去呈宽圆形，翼灰色而端黑色。

栖息环境 栖息于高山森林地带。

活动规律 成对或小群活动。振翼作短距离飞行至空中或于地面捕捉昆虫。

食　　性 主要以蝗虫、蚱蜢、蝉、蚂蚁等昆虫为食。

保护级别	CITES Ⅱ、国家二级重点保护动物	生态类型	猛禽
居留类型	留鸟	体　长	32 cm

小知识

唯一一种可振羽停于空中寻找猎物的白色鹰类。

黑翅鸢

Elanus caeruleus

目	隼形目 FALCONIFORMES
科	鹰科 Accipitridae
俗名	灰鹞子

外观特征 特征为黑色的肩部斑块及形长的初级飞羽。成鸟头顶、背、翼覆羽及尾基部灰色，脸、颈及下体白色。亚成鸟似成鸟，但体羽沾褐色。

栖息环境 栖息于有树木的原野、农田和疏林地带。

活动规律 喜立在枯树或电线柱上，常振羽停于空中寻找猎物。

食　性 主要以鼠类、小鸟、野兔和爬行类动物为食。

| 保护级别 | CITES Ⅱ、国家二级重点保护动物 | 生态类型 | 猛禽 |
| 居留类型 | 留鸟、夏候鸟、旅鸟 | 体　长 | 30 cm |

隼形目　鹰科

17

黑鸢

Milvus migrans

目	隼形目 FALCONIFORMES
科	鹰科 Accipitridae
俗名	老鹰、老雕、黑耳鹰、老鸢、鸡屎鹰、麻鹰

外观特征　体羽深褐色，腿爪灰白色，有黑爪尖。飞行时初级飞羽基部具明显的浅色次端斑纹，尾略显分叉，翼上斑块较白。

栖息环境　栖息于平原、草地、荒原和低山丘陵地带。

活动规律　常停栖于柱子、电线、建筑物或地面。

食　　性　主要以小鸟、鼠类、蛇类、蛙类等为食。

保护级别	CITES Ⅱ、国家二级重点保护动物	生态类型	猛禽
居留类型	冬候鸟	体　长	65 cm

◇袁倩敏　摄

隼形目　鹰科

18

蛇雕

Spilornis cheela

目	隼形目 FALCONIFORMES
科	鹰科 Accipitridae
俗名	蛇鹰

外观特征 嘴及眼之间有黄色裸露皮肤，黑色羽冠明显，上体深褐色，具细窄白色羽缘，下体棕褐色，腹部带有灰白色斑点，嘴黑色，脚黄色。飞翔时尾部具宽阔的白色横斑及白色的翼后缘。

栖息环境 栖息于林地及林缘开阔地带。

活动规律 常停栖在森林中荫蔽的大树枝上监视地面或在上空盘旋发出似啸声的鸣叫。

食　　性 主要以蛇类、蛙类、蜥蜴等为食，也吃鼠类、鸟、蟹及其他甲壳动物。

| 保护级别 | CITES II、国家二级重点保护动物 | 生态类型 | 猛禽 |
| 居留类型 | 留鸟 | 体　长 | 50 cm |

白尾鹞

Circus cyaneus

目	隼形目 FALCONIFORMES
科	鹰科 Accipitridae

外观特征 雄鸟整体青灰色，下体偏白色，翅尖黑色。雌鸟稍大，通体褐色，下体满布深色纵纹，腰部白色十分突出，飞行时明显。

栖息环境 栖息于阔原野、草地及农耕地。

活动规律 主要在白天活动和觅食，以早晨和黄昏最为活跃，叫声洪亮。常沿地面低空飞行搜寻猎物，发现后急速降到地面捕食。

食　　性 主要以小鸟、鼠类、蛙类、蜥蜴和大型昆虫等为食。

保护级别	CITES Ⅱ、国家二级重点保护动物	生态类型	猛禽
居留类型	冬候鸟	体　长	50 cm

凤头鹰

Accipiter trivirgatus

目	隼形目 FALCONIFORMES
科	鹰科 Accipitridae
俗名	凤头雀鹰

外观特征 额及后颈灰黑色，羽冠短而明显，上体灰褐色，喉中央有一道黑色纵纹，胸部的褐色纵纹至腹部变为横纹，尾羽上有四道深色横斑。

栖息环境 栖息于有密林覆盖处。

活动规律 繁殖期常在森林上空翱翔，发出响亮叫声。

食　性 主要以蛙类、蜥蜴、鼠类、昆虫等为食。

保护级别	CITES Ⅱ、国家二级重点保护动物	生态类型	猛禽
居留类型	留鸟	体　长	42 cm

赤腹鹰

Accipiter soloensis

目	隼形目 FALCONIFORMES
科	鹰科 Accipitridae
俗名	鸽子鹰

外观特征　上体淡蓝灰色，背部羽尖略具白色，外侧尾羽具不明显黑色横斑，下体白色，胸及两胁略沾粉色，两胁具浅灰色横纹，腿上也略具横纹。

栖息环境　栖息于平原、草地、荒原和低山丘陵地带。

活动规律　常从停栖处俯冲下来捕食，动作快，有时在上空盘旋。

食　　性　主要以小鸟、鼠类、蛇类、蛙类等为食。

保护级别	CITES Ⅱ、国家二级重点保护动物	生态类型	猛禽
居留类型	冬候鸟、留鸟	体　长	33 cm

隼形目　鹰科

日本松雀鹰

Accipiter gularis

目	隼形目 FALCONIFORMES
科	鹰科 Accipitridae

外观特征 雄鸟上体深灰色，胸浅棕色，腹部具非常细的羽干纹，尾灰色并具数条深色横斑。雌鸟上体褐色，下体具浓密的褐色横斑。

栖息环境 栖息于山地针叶林和混交林带。

活动规律 多单独活动，常站立在高大树木的顶枝。

食　　性 主要以山雀、莺类等小型鸟类为食。

保护级别	CITES Ⅱ、国家二级重点保护动物	生态类型	猛禽
居留类型	冬候鸟	体　长	27 cm

隼形目　鹰科

23

松雀鹰

Accipiter virgatus

目	隼形目 FALCONIFORMES
科	鹰科 Accipitridae
俗名	松子鹰

外观特征 雄鸟上体深灰色，尾具粗横斑，下体白色，两胁棕色带褐色横斑，喉白色，有黑色喉中线和髭纹。雌鸟及亚成鸟两胁少棕色，下体多红褐色横斑，背褐色，尾具深色横纹。

栖息环境 栖息于林缘或丛林边开阔处。

活动规律 在林间静立，伺机寻找爬行类或鸟类，有时也见高空滑翔。

食　　性 主要以各种小鸟为食，也吃蜥蜴、蝗虫、鼠类等。

保护级别	CITES Ⅱ、国家二级重点保护动物	生态类型	猛禽
居留类型	留鸟	体　长	33 cm

雀鹰

Accipiter nisus

目	隼形目 FALCONIFORMES
科	鹰科 Accipitridae
俗名	朵子、细胸、鹞子

外观特征　雄鸟上体褐灰色，白色下体多具棕色横斑，尾具横带，脸颊棕色。雌鸟体型较大，下体白色，胸、腹部及腿上具灰褐色横斑，无喉中线，脸颊棕色较少。

栖息环境　栖息于山地森林及林缘地带。

活动规律　日出性，常单独生活。飞行速度每小时可达数百千米。

食　性　主要以鸟类、昆虫和鼠类等为食。

保护级别	CITES Ⅱ、国家二级重点保护动物	生态类型	猛禽
居留类型	冬候鸟	体　长	32~38 cm

灰脸𫛭鹰

Butastur indicus

目	隼形目 FALCONIFORMES
科	鹰科 Accipitridae
俗名	灰面鹭

外观特征 颏及喉为明显白色，具黑色顶纹及髭纹，头侧近黑色，上体褐色，具近黑色的纵纹及横斑，胸褐色而具黑色细纹，下体余部具棕色横斑，尾细长，平型。

栖息环境 栖息于林缘、山地、丘陵等较为开阔的地带。

活动规律 常单独活动，迁徙期成群。飞行缓慢、沉重，喜从树上栖息处捕食。

食　　性 主要以小型蛇类、蛙类、蜥蜴、鼠类等为食。

保护级别	CITES Ⅱ、国家二级重点保护动物	生态类型	猛禽
居留类型	冬候鸟	体　长	45 cm

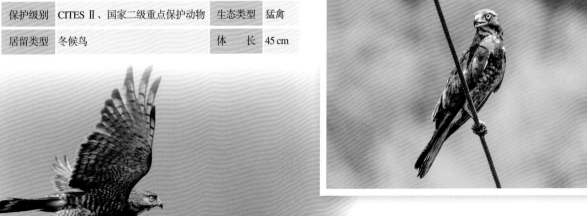

◇袁倩敏 摄

普通鵟

Buteo buteo

目	隼形目 FALCONIFORMES
科	鹰科 Accipitridae
俗名	朵子、细胸、鹞子

外观特征 上体深红褐色，脸侧皮黄色并具近红色细纹，栗色的髭纹显著，下体偏白色并具棕色纵纹，两胁及大腿沾棕色，尾近端处常具黑色横纹。飞行时两翼宽而圆，初级飞羽基部具特征性白色斑块，在高空翱翔时两翼略呈"V"形。

栖息环境 栖息于开阔原野，常在空中热气流上高高翱翔，在裸露树枝上歇息。

活动规律 飞行时常停在空中振羽。

食　　性 主要以鼠类为食，也吃蛙类、蜥蜴、蛇类、野兔、小鸟和大型昆虫等其他动物性食物。

保护级别	CITES II、国家二级重点保护动物	生态类型	猛禽
居留类型	冬候鸟	体　长	32~38 cm

◇袁倩敏 摄

◆薄顺奇 摄

鹰雕

Spizaetus nipalensis

目	隼形目 FALCONIFORMES
科	鹰科 Accipitridae
俗名	熊鹰、赫氏角鹰

外观特征 翅膀很宽，尾长而圆，具长冠羽。深色型：上体褐色，具黑色、白色纵纹及杂斑，尾红褐色，有几道黑色横斑，颏、喉及胸白色，具黑色的喉中线及纵纹，下腹部、大腿及尾下棕色而具白色横斑。浅色型：上体灰褐色，下体偏白色，有近黑色过眼线及髭纹。

栖息环境 栖息于常绿森林中。

活动规律 冬季多下到低山丘陵和山脚平原地区的阔叶林和林缘地带活动。经常单独活动，飞翔时两翅平伸，扇动较慢，有时也在高空盘旋，常站立在密林中枯死的乔木树上。

食　性 主要以野兔、野鸡和鼠类等为食，也捕食小鸟和大型昆虫，偶尔还捕食鱼类。

保护级别	CITES Ⅱ、国家二级重点保护动物	生态类型	猛禽
居留类型	留鸟	体　长	74 cm

◆薄顺奇 摄

小知识

红隼是比利时国鸟。

红隼

Falco tinnunculus

目	隼形目 FALCONIFORMES
科	隼科 Falconidae
俗名	茶隼、红鹞子、红鹰、黄鹰

外观特征　雄鸟头顶及颈背黑色，尾蓝灰色，无横斑，上体赤褐色略有黑色横斑，下身皮黄色且具黑色纵纹，翼下满布细小斑纹。雌鸟略大，上身全褐色且具多条粗横斑。

栖息环境　栖息于平原、草地、荒原和低山丘陵地带。

活动规律　常单独活动，傍晚最为活跃，喜逆风飞翔，取食迅速。

食　　性　主要以小鸟、鼠类、蛇类、蛙类等为食。

保护级别	CITES Ⅱ、国家二级重点保护动物	生态类型	猛禽
居留类型	留鸟	体　长	33 cm

隼形目　隼科

◇陈什旺 摄

燕隼
Falco subbuteo

目	隼形目 FALCONIFORMES
科	隼科 Falconidae
俗名	青条子、土鹘、儿隼、蚂蚱鹰、虫鹞

外观特征 上体深灰色，翼长，腿及臀棕色，胸乳白色并带黑色纵纹。雌鸟体型比雄鸟大且多为褐色，腿及尾下覆羽细纹较多。

栖息环境 栖息于有稀疏树木生长的开阔平原和林缘地带。

活动规律 常单独活动。飞行如闪电般快速敏捷，能在空中作短暂停留。

食　　性 主要以麻雀、山雀等雀形目小鸟和昆虫为食。

保护级别	CITES Ⅱ、国家二级重点保护动物	生态类型	猛禽
居留类型	冬候鸟	体　长	30 cm

◇薄顺奇 摄

◇薄顺奇 摄

游隼

Falco peregrinus

目	隼形目 FALCONIFORMES
科	隼科 Falconidae
俗名	鸭虎、花梨鹰、青燕

外观特征　头顶及脸近黑色或有黑色条纹，上体深灰色并具黑色点斑及横纹，下体白色，胸部有黑色纵纹，腹部、腿多有黑色横斑。

栖息环境　栖息于开阔的山地、丘陵、旷野地带。

活动规律　常成对活动。飞行甚快，为世界上飞行最快的鸟种之一，从高空呈螺旋形向下猛扑猎物。

食　　性　主要以鸠鸽类、鸡类等中小型鸟类为食。

保护级别	CITES I、国家二级重点保护动物	生态类型	猛禽
居留类型	冬候鸟	体　长	45 cm

隼形目　隼科

31

◆陈什旺 摄

鹌鹑（日本鹌鹑）

Coturnix japonica

目	鸡形目 GALLIFORMES
科	雉科 Phasianidae
俗名	赤喉鹑、红面鹌鹑、罗群

外观特征 上体具褐色与黑色横斑及皮黄色矛状长条纹，下体皮黄色，胸及两胁具黑色条纹，头具条纹及近白色的长眉纹。夏季雄鸟脸、喉及上胸栗色，颈侧的两条深褐色带有别于三趾鹑。冬季则与鹌鹑难辨。

栖息环境 栖息于干旱平原草地、低山丘陵、山脚平原、溪流岸边和疏林空地，常在干燥平原或低山山脚地带的沼泽、溪流或湖泊岸边的草地与灌丛活动，有时也出现在耕地和地边灌丛中。

活动规律 除繁殖期成对活动外，常成 3~5 只小群。性善隐匿，常在灌丛和草丛中潜行。一般很少起飞。

食　　性 主要以植物嫩枝、嫩叶、嫩芽、浆果、种子等为食，也吃昆虫等小型无脊椎动物。

保护级别	无	生态类型	陆禽
居留类型	冬候鸟	体　长	20 cm

◆薄顺奇 摄

白眉山鹧鸪

Arborophila gingica

目	鸡形目 GALLIFORMES
科	雉科 Phasianidae
俗名	山鹑鸪

外观特征 体羽灰褐色，腿红色，眉白色，眉线散开，喉黄色。华美的颈项上具黑色、白色及巧克力色环带是本种的特征。

栖息环境 栖息于低山丘陵地带的阔叶林、混交林、灌丛及竹林内。

活动规律 晚上停息于树上，鸣声哀婉，受惊后飞行疾速，但飞行距离不大。

食　　性 主要以植物果实和种子为食，也食昆虫和其他小型无脊椎动物。

保护级别	广东省重点保护物种、三有物种	生态类型	陆禽
居留类型	留鸟	体　长	30 cm

鸡形目　雉科

33

灰胸竹鸡

Bambusicola thoracicus

目	鸡形目 GALLIFORMES
科	雉科 Phasianidae
俗名	竹鹧鸪

外观特征 额、眉线及颈项蓝灰色，与脸、喉及上胸的棕色成对比，上背、胸侧及两胁有月牙形的大块褐色斑，外侧尾羽栗色。

栖息环境 栖息于低山丘陵和山脚平原地带的竹林、灌丛和草丛中。

活动规律 以家庭群栖居，飞行笨拙、路径直。

食　　性 杂食性，主要以植物幼芽、嫩枝、嫩叶、果实、种子，以及昆虫等为食。

保护级别	三有物种	生态类型	陆禽
居留类型	留鸟	体　长	33 cm

鸡形目　雉科

34

黄腹角雉

Tragopan caboti

目	鸡形目 GALLIFORMES
科	雉科 Phasianidae
俗名	角鸡、吐绶鸡、寿鸡

外观特征 雄鸟浓棕色，上体具皮黄色大点斑，下体草黄色，前领及颈侧斑块猩红色，眼后具金色条纹，脸颊裸露皮肤、喉垂及肉质角橘黄色，喉垂膨胀时呈蓝色和红色。雌鸟小，下体杂灰色，带白色矛状细纹，外缘黑色。

栖息环境 栖息于常绿阔叶林和针阔叶混交林中。

活动规律 性喜隐蔽在林下灌丛，善于奔走，非迫不得已一般不起飞。

食　　性 主要以植物的茎、叶、花、果和种子为食。

保护级别	国家一级重点保护动物	生态类型	陆禽
居留类型	留鸟	体　长	61 cm

◆陈杰 摄

勺鸡

Pucrasia macrolopha

目	鸡形目 GALLIFORMES
科	雉科 Phasianidae
俗名	柳叶鸡、角鸡

外观特征 雄鸟头顶及冠羽近灰色，喉、宽阔的眼线、枕及耳羽束金属绿色，颈侧白色，上背皮黄色，胸栗色，其他部位的体羽为白色且具黑色矛状纹。雌鸟体型较小，具冠羽，但无长的耳羽束，体羽图纹与雄鸟同。

栖息环境 栖息于开阔的多岩石林地，常为松林及杜鹃林。

活动规律 常单独或成对活动，遇警情时深伏不动，不易被赶。

食　性 主要以植物的根、果实及种子为食。

保护级别	CITES Ⅲ、国家二级重点保护动物	生态类型	陆禽
居留类型	留鸟	体　长	61 cm

◆陈杰 摄

◆陈杰 摄

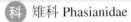
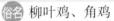

鸡形目　雉科

36

白鹇

Lophura nycthemera

目	鸡形目 GALLIFORMES
科	雉科 Phasianidae
俗名	白寒鸡、白山鸡、白鹇鸡、长尾白山鸡、地鸡、银鸡、银雉、越禽

外观特征　雄鸟头顶、冠羽黑色，脸颊裸露皮肤鲜红色。中央尾羽长而白，背及其他尾羽白色并具黑色斑纹，下体黑色。雌鸟上体橄榄褐色至栗色，下体具褐色细纹或为杂白色、黄色，具暗色冠羽及红色脸颊裸露皮肤。

栖息环境　栖息于海拔 2 000 m 以下的丘陵和山区林地中。

活动规律　成小群活动，一雄多雌，冬季集大群活动。

食　　性　杂食性，主要以百香果等植物的嫩叶、幼芽、花、茎，以及昆虫等为食。

保护级别	国家二级重点保护动物	生态类型	陆禽
居留类型	留鸟	体　长	94~110 cm

环颈雉

Phasianus colchicus

目	鸡形目 GALLIFORMES
科	雉科 Phasianidae
俗名	野鸡、山鸡、七彩山鸡、雉鸡

外观特征　雄鸟头颈黑色并具闪暗绿色光泽，耳羽簇明显，眼周裸露皮肤呈鲜红色，两翼灰色，褐色尾羽带有黑色横纹。雌鸟体色暗淡，周身密布浅褐色斑纹。

栖息环境　栖息于中、低山丘陵的灌丛、竹丛或草丛中。

活动规律　雄鸟单独或成小群活动，雌鸟与其雏鸟偶尔与其他鸟类合群。

食　　性　杂食性，主要以植物果实、种子、叶、芽以及部分昆虫为食。

保护级别	三有物种	生态类型	陆禽
居留类型	留鸟	体　长	60~85 cm

鸡形目　雉科

38

白颈长尾雉

Syrmaticus ellioti

目	鸡形目 GALLIFORMES		
科	雉科 Phasianidae		
俗名	横纹背鸡、山鸡、红山鸡、高山雉鸡、地花鸡		

外观特征 雄鸟头色浅，棕褐色尖长尾羽上具银灰色横斑，颈侧白色，翼上带横斑，腹部及肛周白色，黑色的颏、喉及白色的腹部为本种特征，脸颊裸露皮肤猩红色，腰黑色，羽缘白色。雌鸟头顶红褐色，枕及后颈灰色，上体其余部位杂以栗色、灰色及黑色蠹斑，喉及前颈黑色，下体余部白色并具棕黄色横斑。

栖息环境 栖息于混交林中的浓密灌丛及竹林。

保护级别	CITES I、国家一级重点保护动物	生态类型	陆禽
居留类型	留鸟	体 长	45~81 cm

活动规律 性机警。结小群活动。

食 性 主要以植物叶、茎、芽、花、果实、种子等为食，也吃昆虫等。

鸡形目 雉科

39

棕三趾鹑

Turnix suscitator

(目)	鸡形目 GALLIFORMES
(科)	三趾鹑科 Turnicidae
(俗名)	鹌鹑仔

外观特征　雄鸟头顶多褐色，脸颊具褐色及白色纹，胸及两胁具黑色横纹。雌鸟体略大，颏及喉黑色，顶近黑色，头部有灰白色斑驳。雄鸟、雌鸟均具上体褐色斑驳、胸及两胁棕色的特点。

栖息环境　栖息于平原、农田草丛地带。

活动规律　通常单独或成对行走觅食，人接近时会起飞一段距离，再隐入草中。

食　　性　主要以青草、种子、昆虫和蜗牛为食。

保护级别	无	生态类型	陆禽
居留类型	留鸟、旅鸟	体　长	16 cm

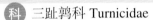

鸡形目　三趾鹑科

40

白喉斑秧鸡

Rallina eurizonoides

目	鹤形目 GRUIFORMES
科	秧鸡科 Rallidae
俗名	灰斑腿秧鸡、灰腿秧鸡

外观特征　头及胸栗色，颏偏白色，腹部至尾下覆羽有黑褐色和白色相间的横纹，翅上有白色横斑。

栖息环境　栖息于水田和其他灌丛地带。

活动规律　晨昏单独活动。行走时脚高抬，尾竖起前后摆动，遇有危险时迅速逃匿。

食　　性　主要以软体动物、昆虫和沼泽植物的嫩枝和种子为食。

保护级别	三有物种	生态类型	涉禽
居留类型	留鸟	体　长	25 cm

鹤形目　秧鸡科

灰胸秧鸡

Gallirallus striatus

目	鹤形目 GRUIFORMES
科	秧鸡科 Rallidae
俗名	蓝胸秧鸡

外观特征 中等体型带棕色顶冠的秧鸡，背多具白色细纹，头顶栗色，颏白色，胸及背灰色，两翼及尾具白色细纹，两胁及尾下具较粗的黑白色横斑。

栖息环境 栖息于水田、河畔、湖岸、溪岸和芦苇沼泽地带及附近的草丛中。

活动规律 常单独活动，多在清晨和黄昏活动，白天隐匿于草丛。

保护级别	三有物种	生态类型	涉禽
居留类型	留鸟	体　长	29 cm

天隐匿于草丛。

食　性 主要以水生昆虫、虾蟹、蚂蚁等为食。

普通秧鸡

Rallus aquaticus

目	鹤形目 GRUIFORMES
科	秧鸡科 Rallidae
俗名	秋鸡、水鸡

外观特征 上体多纵纹，头顶褐色，脸灰色，眉纹浅灰色而眼线深灰色，额白色，颈及胸灰色，两胁具黑白色横斑。

栖息环境 栖息于红树林，以及河岸、湖岸边的沼泽湿地、芦苇丛和水草丛中。

活动规律 性畏人，常单独行动，见人迅速逃匿，善游泳和潜水。

食　性 杂食性，主要以小鱼、甲壳类动物等，以及植物种子、嫩枝、根等为食。

保护级别	三有物种	生态类型	涉禽
居留类型	冬候鸟	体　长	29 cm

红脚苦恶鸟

Amaurornis akool

目　鹤形目 GRUIFORMES

科　秧鸡科 Rallidae

外观特征　上体橄榄褐色，下体暗灰色，尾下覆羽褐色，喙黄绿色，喉白色，脚暗红色，尾不断上翘。

栖息环境　栖息于平原和低山丘陵地带的沼泽草地、溪流和农田等。

活动规律　成对活动。性机警、隐蔽。善于步行、奔跑及涉水。

食　　性　杂食性，主要以昆虫等动物性食物，以及嫩茎、根等植物性食物为食。

保护级别	三有物种	生态类型	涉禽
居留类型	留鸟	体　长	28 cm

鹤形目　秧鸡科

44

小知识

　中国民间传说这种鸟是一个被恶家姑虐待而死的苦媳妇所化作的怨鸟，所以叫起来总是"姑恶、姑恶"。

白胸苦恶鸟

Amaurornis phoenicurus

目	鹤形目 GRUIFORMES
科	秧鸡科 Rallidae
俗名	白腹秧鸡、白脸秧鸡、白面鸡、白胸秧鸡

外观特征　体型略大的深青灰色及白色苦恶鸟。头顶及上体灰色，脸、额、胸及上腹部白色，下腹及尾下棕色。

栖息环境　栖息于灌丛、湖边、河滩、红树林。

活动规律　通常单独活动，偶尔三两成群。野外反复发出"姑恶、姑恶"叫声。

食　　性　主要以水生植物、水生昆虫、软体动物为食。

保护级别	三有物种	生态类型	涉禽
居留类型	留鸟	体　长	33 cm

黑水鸡

Gallinula chloropus

目	鹤形目 GRUIFORMES
科	秧鸡科 Rallidae
俗名	红冠水鸡、红骨顶、红鸟、江鸡

外观特征 中等体型，额甲亮红色，嘴短，体羽全青黑色，两胁具宽阔的白色纵纹，尾下覆羽两侧亦为白色，尾上翘时白斑尽显。

栖息环境 栖息于湖泊、沼泽、水塘等。

活动规律 于陆地或水中尾不停上翘。不善飞，起飞前先在水面助跑很长一段距离。

食　　性 主要以水生植物叶、芽、种子，以及水生昆虫、软体动物为食。

保护级别	广东省重点保护物种、三有物种	生态类型	涉禽
居留类型	留鸟	体　长	31 cm

彩鹬

Rostratula benghalensis

| 目 | 鸻形目 CHARADRIIFORMES |
| 科 | 彩鹬科 Rostratulidae |

外观特征　雌鸟头及胸深栗色，眼周白色，顶纹黄色，背及两翼偏绿色，背上具白色的"V"形纹并有白色条带绕肩，下体白色。雄鸟色暗，多具杂斑而少皮黄色，翼覆羽具金色斑点，眼纹黄色。

栖息环境　栖息于水塘、沼泽、河渠、河滩、草地和水稻田。

活动规律　性胆小，多在晨昏和夜间活动，白天隐藏在草丛中。

食　　性　主要以软体动物、昆虫，以及植物叶、芽等为食。

| 保护级别 | 三有物种 | 生态类型 | 涉禽 |
| 居留类型 | 留鸟 | 体　长 | 25 cm |

黑翅长脚鹬

Himantopus himantopus

目	鸻形目 CHARADRIIFORMES
科	反嘴鹬科 Recurvirostridea
俗名	红腿娘子、高跷鸻

外观特征 细长的嘴黑色，两翼黑色，长长的腿红色，体羽白色，颈背具黑色斑块。幼鸟褐色较浓，头顶及颈背沾灰色。

栖息环境 栖息于开阔平原草地中的湖泊、沿海浅水塘和沼泽地带。

活动规律 常集群活动。行走缓慢，性胆小而机警。

食　　性 主要以软体动物、甲壳类动物等为食。

保护级别	广东省重点保护物种、三有物种	生态类型	涉禽
居留类型	冬候鸟、夏候鸟、旅鸟	体　长	37 cm

凤头麦鸡

Vanellus vanellus

目	鸻形目 CHARADRIIFORMES
科	鸻科 Charadriidae
俗名	田凫

外观特征 具长窄的黑色反翻型凤头，上体具绿黑色金属光泽，尾白色而具宽的黑色次端带，头顶色深，耳羽黑色，头侧及喉部污白色，胸近黑色，腹白色。

栖息环境 栖息于耕地、稻田或矮草地。

活动规律 常成群活动，特别是冬季，常集成数十只至数百只的大群。善飞行，常在空中上下翻飞，飞行速度较慢，两翅迟缓地扇动，飞行高度亦不高，有时亦栖息于水边或草地上。

食 性 主要以蛙类、小型无脊椎动物及植物种子等为食。

保护级别	三有物种	生态类型	涉禽
居留类型	冬候鸟	体　长	30 cm

鸻形目　鸻科

灰头麦鸡

Vanellus cinereus

目 鸻形目 CHARADRIIFORMES

科 鸻科 Charadriidae

外观特征 头及胸灰色,上背及背褐色,翼尖、胸带及尾部横斑黑色,翼后余部、腰、尾及腹部白色。亚成鸟似成鸟,但褐色较浓而无黑色胸带。

栖息环境 栖息于近水的开阔地带、河滩、稻田及沼泽。

活动规律 多成双或结小群活动。善飞行。

食　性 主要以鞘翅目、鳞翅目昆虫为食,也食虾、蜗牛、螺、蚯蚓等小型无脊椎动物,以及杂草种子、植物嫩叶。

保护级别	三有物种	生态类型	涉禽
居留类型	冬候鸟	体　长	35 cm

鸻形目　鸻科

50

金眶鸻

Charadrius dubius

目	鸻形目 CHARADRIIFORMES
科	鸻科 Charadriidae
俗名	黑领鸻

外观特征　上体沙褐色，下体白色，眼眶金黄色，有明显的白色领圈，其下有明显的黑色领圈，眼后白斑向后延伸至与头顶相连。

栖息环境　栖息于湖泊沿岸、河滩或稻田边。

活动规律　常单独或成对活动，偶尔也集成小群。通常急速奔走一段距离后稍微停歇，然后再向前走。

食　性　主要以昆虫为食，兼食植物种子、蠕虫等。

保护级别	三有物种	生态类型	涉禽
居留类型	冬候鸟	体　长	16 cm

扇尾沙锥

Gallinago gallinago

目	鸻形目 CHARADRIIFORMES
科	鹬科 Scolopacidae
俗名	黑头鸥、水鸽子、扇尾鹬

外观特征 两翼细而尖，嘴长，脸皮黄色，眼部上下条纹及贯眼纹色深，上体深褐色，具白色、黑色细纹及蠹斑，下体淡皮黄色并具褐色纵纹，次级飞羽具白色宽后缘，翼下具白色宽横纹，皮黄色眉线与浅色脸颊成对比，肩羽边缘浅色，比内缘宽，肩部线条较居中线条浅。

栖息环境 栖息于开阔平原上的淡水或盐水湖泊，以及河流、芦苇塘和沼泽地带。

活动规律 常单独或集小群在隐蔽的地方活动，白天多隐匿在草丛，黎明和黄昏活动。

食　　性 主要以蚯蚓、蠕虫及小鱼等为食。

保护级别	三有物种	生态类型	涉禽
居留类型	冬候鸟	体　长	26 cm

鸻形目　鹬科

白腰草鹬

Tringa ochropus

目	鸻形目 CHARADRIIFORMES
科	鹬科 Scolopacidae
俗名	绿鹬

外观特征　上体深绿褐色并具杂白色点，腹部及臀白色。两翼及下背几乎全黑，尾白色，端部具黑色横斑。飞行时脚伸至尾后，黑色的下翼、白色的腰部，以及尾部的横斑极显著。

栖息环境　栖息于沿海、河口、湖泊、河流。

活动规律　常单独活动。受惊时起飞，似沙锥而呈锯齿形飞行。

食　　性　主要以鱼、虾、昆虫、水生植物等为食。

保护级别	三有物种	生态类型	涉禽
居留类型	冬候鸟	体　长	23 cm

林鹬

Tringa glareola

目	鸻形目 CHARADRIIFORMES
科	鹬科 Scolopacidae
俗名	林札子、油锥

外观特征　体型略小，纤细，褐灰色，腹部及臀偏白，腰白色。上体灰褐色而极具斑点，眉纹长、白色，尾白色而具褐色横斑。飞行时尾部的横斑、白色的腰部、下翼及翼上无横纹为其特征，脚远伸于尾后。

栖息环境　栖息于沿海多泥环境，但也出现在内陆高至海拔 750 m 的稻田及淡水沼泽。

活动规律　通常结成松散小群，可达 20 余只，有时也与其他涉禽混群。

食　　性　主要以直翅目和鳞翅目昆虫、蠕虫、虾类、蜘蛛、软体动物等小型无脊椎动物为食，也吃少量植物种子。

保护级别	三有物种	生态类型	涉禽
居留类型	冬候鸟	体　长	20 cm

矶鹬

Actitis hypoleucos

目	鸻形目 CHARADRIIFORMES
科	鹬科 Scolopacidae

外观特征　头顶至后颈部为灰褐色，有浅色眉纹和黑褐色贯眼纹，背部至尾部黑褐色，且有细小白色斑，下体白色，胸侧至肩部形成白色斑，脚浅橄榄绿色。

栖息环境　栖息于沿海滩涂、稻田、河流两岸。

活动规律　常单独或成对活动在多沙石的浅水沙滩上，行走时头不停地点头。

食　　性　主要以昆虫为食，也食螺、蠕虫、小鱼等。

保护级别	三有物种	生态类型	涉禽
居留类型	冬候鸟、旅鸟	体　长	20 cm

◇李志钢 摄

灰尾漂鹬

Heteroscelus brevipes

目	鸻形目 CHARADRIIFORMES
科	鹬科 Scolopacidae
俗名	灰尾鹬、黄足鹬

外观特征 低矮型暗灰色鹬,嘴粗且直,过眼纹黑色,眉纹白色,腿短、黄色,颏近白色,上体体羽全灰色,胸浅灰色,腹白色,腰具横斑,飞行时翼下色深。

栖息环境 繁殖期主要栖息和活动于山地沙石河流沿岸,非繁殖期主要栖息于岩石海岸、海滨沙滩、泥地及河口。

活动规律 主要在水边浅水处和潮涧地带觅食,常单独或成松散的小群觅食。

食 性 主要以石蛾、毛虫、水生昆虫、甲壳类和软体动物为食,有时也食小鱼。

◆陈什旺 摄

保护级别	三有物种	生态类型	涉禽
居留类型	旅鸟	体 长	25 cm

◆薄顺奇 摄

◇薄顺奇 摄

鸻形目 鹬科

56

红颈瓣蹼鹬

Phalaropus lobatus

目	鸻形目 CHARADRIIFORMES
科	鹬科 Scolopacidae
俗名	红领瓣足鹬

外观特征 嘴细长，体灰色和白色，常见游泳于海上，头顶及眼周黑色，上体灰色，羽轴色深，下体偏白色，飞行时深色腰部及翼上的宽白横纹明显。夏羽色深，喉白色，棕色的眼纹至眼后而下延颈部成兜围，肩羽金黄色。

栖息环境 栖息于池塘或沿海滩涂。

保护级别	三有物种	生态类型	涉禽
居留类型	旅鸟	体 长	18 cm

活动规律 甚不惧人，易于接近。
食　　性 主要以浮游生物为食。

山斑鸠

Streptopelia orientalis

目	鸽形目 COLUMBIFORMES
科	鸠鸽科 Columbidae
俗名	山鸠、金背鸠、东方斑鸠、山鸽子、金背斑鸠、麒麟鸠、雉鸠

外观特征　颈侧有带明显黑白色条纹的块状斑，上体具深色扇贝斑纹，体羽羽缘棕色，腰灰色，尾羽近黑色，尾梢浅灰色，下体多偏粉色，脚红色。

栖息环境　栖息于低山丘陵、平原和山地阔叶林、混交林、次生林。

活动规律　成对活动，多在开阔农耕区、村庄及寺院周围，取食于地面。

食　　性　主要以高粱、粟米为食。

保护级别	三有物种	生态类型	陆禽
居留类型	留鸟	体　长	32 cm

鸽形目　鸠鸽科

58

珠颈斑鸠

Streptopelia chinensis

目	鸽形目 COLUMBIFORMES
科	鸠鸽科 Columbidae
俗名	花脖斑鸠、珍珠鸠、斑颈鸠、珠颈鸽、鸪雕、鸪鸟、花斑鸠

外观特征 颈侧有明显的带白点黑色斑块，尾略显长，飞行时外侧尾羽的白色边明显，嘴黑色，脚红色。

栖息环境 栖息于村庄周围、城区、竹林。

活动规律 常成对立于开阔路面，受干扰后缓缓振翅，贴地而飞。

食　性 主要以各种植物果实与种子为食。

保护级别	三有物种	生态类型	陆禽
居留类型	留鸟	体　长	30 cm

鸽形目 鸠鸽科

59

红翅凤头鹃

Clamator coromandus

外观特征 尾长，具显眼的直立凤头，顶冠及凤头黑色，背及尾黑色而带蓝色光泽，翼栗色，喉及胸橙褐色，颈圈白色，腹部近白色。

栖息环境 栖息于低山丘陵和山麓平原等开阔地带的疏林和灌木林中。

活动规律 多单独活动，常活跃于暴露的树枝间。

食　性 主要以白蚁、毛虫、甲虫等昆虫为食。

保护级别	三有物种	生态类型	攀禽
居留类型	留鸟	体　长	45 cm

鹃形目　杜鹃科

60

大鹰鹃

Cuculus sparverioides

目	鹃形目 CUCULIFORMES
科	杜鹃科 Cuculidae
俗名	鹰鹃

外观特征　颏黑色，胸棕色，具白色及灰色斑纹，腹部具白色及褐色横斑而染棕色，尾部次端斑棕红色，尾端白色。

栖息环境　栖息于山地森林中。

活动规律　多单独活动于山林间的乔木上，喜隐蔽于树枝间鸣叫。

食　　性　主要以昆虫为食。

保护级别	三有物种	生态类型	攀禽
居留类型	夏候鸟	体　长	40 cm

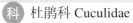

四声杜鹃

Cuculus micropterus

目	鹃形目 CUCULIFORMES
科	杜鹃科 Cuculidae
俗名	光棍好过、豌豆八哥、关公好哭、伯伯插田、布谷鸟

外观特征 头及颈灰色，上体与两翅深褐色，初级飞羽内有白色横斑，腹白色且有黑色细横斑，尾羽具白色斑点和宽阔的近端黑色斑。

栖息环境 栖息于山地森林和次生林上层。

活动规律 游动性大，无固定的居留地。性隐蔽，出没于平原至高山的林中。

食　性 主要以昆虫为食，尤喜毛虫。

保护级别	三有物种	生态类型	攀禽
居留类型	夏候鸟	体　长	30 cm

鹃形目　杜鹃科

大杜鹃

Cuculus canorus

目	鹃形目 CUCULIFORMES
科	杜鹃科 Cuculidae
俗名	布谷、郭公、获谷

外观特征　上体灰色，尾偏黑色，腹部近白色而具黑色横斑。棕红色变异型雌鸟为棕色，背部具黑色横斑，幼鸟枕部有白色块斑。

栖息环境　栖息于近水的开阔林地。

活动规律　常隐伏在树叶间，平时只听到鸣声，很少见到。

食　　性　主要以鳞翅目幼虫、甲虫、蜘蛛等为食。

保护级别	三有物种	生态类型	攀禽
居留类型	夏候鸟	体　长	32 cm

小杜鹃

Cuculus poliocephalus

目	鹃形目 CUCULIFORMES
科	杜鹃科 Cuculidae
俗名	催归、阳崔、阴天打酒喝

外观特征 上体灰色，头、颈及上胸浅灰色，下胸及下体余部白色并具清晰的黑色横斑，腹部具横斑，臀部沾皮黄色，尾灰色，无横斑，但端具白色窄边。雌鸟似雄鸟，但也具棕红色变型，全身具黑色条纹。

栖息环境 栖息于多森林覆盖的乡野。

活动规律 常单独活动，多站在高大而茂密的树上不断鸣叫。

食　性 主要以昆虫为食，偶尔也食植物果实和种子。

保护级别	三有物种	生态类型	攀禽
居留类型	夏候鸟、旅鸟	体　长	26 cm

鹃形目　杜鹃科

八声杜鹃

Cacomantis merulinus

目	鹃形目 CUCULIFORMES
科	杜鹃科 Cuculidae
俗名	八声悲鹃、雨鹃、八声喀咕

外观特征　头灰色，背及尾褐色，胸腹橙褐色，亚成体上体褐色而具黑色横斑，下体偏白而多横斑。

栖息环境　栖息于开阔林地、次生林及农耕区。

活动规律　多活动于村边、果园、公园及庭院的树木上。常被小型鸟群围攻，叫声熟悉于耳，但难以发现。

食　　性　主要以昆虫为食。

| 保护级别 | 三有物种 | 生态类型 | 攀禽 |
| 居留类型 | 夏候鸟 | 体　长 | 21~25 cm |

乌鹃

Surniculus dicruroides

目	鹃形目 CUCULIFORMES
科	杜鹃科 Cuculidae
俗名	卷尾鸦

外观特征 全身黑色，腿为白色，尾下覆羽及外侧尾羽腹面具白色横斑，前胸隐见白色斑块。

栖息环境 栖息于居民点附近树木茂盛的地方。

活动规律 性羞怯，外形似卷尾，但姿势、动作及飞行均不同。

食　　性 主要以植物果实为食。

保护级别	三有物种	生态类型	攀禽
居留类型	夏候鸟	体　长	23 cm

噪鹃

Eudynamys scolopacea

目	鹃形目 CUCULIFORMES
科	杜鹃科 Cuculidae
俗名	嫂鸟、鬼郭公、哥好雀、婆好

外观特征 雄鸟全身黑色，具蓝色光泽，嘴绿色。雌鸟身体杂褐色，布满白色斑块，下身具横斑。

栖息环境 栖息于稠密的红树林、次生林、森林、园林及人工林中。

活动规律 习性隐蔽，难得一见，昼夜发出响亮叫声，但常常只闻其声难觅其影。在其他种类的鸟巢中产卵。

食 性 食性较杂，主要以植物果实为食，兼食昆虫。

保护级别	三有物种	生态类型	攀禽
居留类型	留鸟	体 长	35~45 cm

鹃形目　杜鹃科

67

褐翅鸦鹃

Centropus sinensis

目	鹃形目 CUCULIFORMES
科	杜鹃科 Cuculidae
俗名	大毛鸡、红毛鸡、毛鸡、红鹈、绿结鸡、落谷

外观特征 通体黑色并具金属光泽，仅上背、翼及翼覆羽为栗红色。

栖息环境 栖息于林缘地带、次生灌木丛、多芦苇河岸及红树林。

活动规律 喜欢单独或成对活动，很少成群。常下至地面活动，也在小灌丛及树间跳动。

食　性 主要以昆虫、蚯蚓等为食。

保护级别	国家二级重点保护动物	生态类型	攀禽
居留类型	留鸟	体长	52 cm

鹃形目 杜鹃科

68

小鸦鹃

Centropus bengalensis

目	鹃形目 CUCULIFORMES
科	杜鹃科 Cuculidae
俗名	小毛鸡、小乌鸦雉、小雉喀咕、小黄蜂

外观特征　尾长，似褐翅鸦鹃，但体型较小，肩部和两翅为栗色，头黑色，色彩暗淡，色泽显污浊，上背及两翼的栗色较浅且现黑色。

栖息环境　栖息于山地、平原、林区、草地、农田、村边、果园、矮树丛地带山边灌丛、沼泽地带等地。

活动规律　有时作短距离飞行，从植被上掠过。

食　性　主要以昆虫、蚯蚓等为食。

保护级别	国家二级重点保护动物	生态类型	攀禽
居留类型	留鸟	体　长	42 cm

鹃形目　杜鹃科

69

东方草鸮

Tyto longimembris

目	鸮形目 STRIGIFORMES
科	草鸮科 Tytonidae
俗名	猴面鹰、猴子鹰、白胸草鸮

外观特征　似仓鸮，面盘心形，灰棕色，有暗栗色边缘，嘴黄褐色，飞羽黄褐色，有暗褐色横斑，尾羽浅黄栗色，有四道暗褐色横斑，下体淡棕白色，具褐色斑点，爪黑褐色。

栖息环境　栖息于高草灌丛中。

活动规律　白天躲在树林里养精蓄锐，夜间非常活跃。

食　　性　主要以鼠类、蛙类、蛇类、鸟卵等为食。

| 保护级别 | CITES Ⅱ、国家二级重点保护动物 | 生态类型 | 猛禽 |
| 居留类型 | 冬候鸟 | 体　长 | 35 cm |

黄嘴角鸮

Otus spilocephalus

| 目 | 鸮形目 STRIGIFORMES |
| 科 | 鸱鸮科 Strigidae |

外观特征 眼黄色，嘴奶油色，特征为无明显的纵纹或横斑，仅肩部具一排硕大的三角形白色点斑。

栖息环境 栖息于海拔 1 000~2 500 m 的潮湿热带山林中。

活动规律 夜行性。模仿其叫声能引其应答。

食　性 主要以大型昆虫，如甲虫、蝉、螳螂等为食，亦食小型啮齿类、小鸟和蜥蜴。

| 保护级别 | CITES II、国家二级重点保护动物 | 生态类型 | 猛禽 |
| 居留类型 | 留鸟 | 体长 | 18 cm |

领角鸮

Otus lettia

目	鸮形目 STRIGIFORMES
科	鸱鸮科 Strigidae

外观特征　具明显耳羽簇及特征性的浅沙色颈圈，上体偏灰色或沙褐色，多具黑色及皮黄色的杂纹或斑块，下体皮黄色带黑色条纹。

栖息环境　栖息于山地阔叶林和混交林中，也出现于山麓林缘和村寨附近树林内。

活动规律　大部分夜间栖于低处，从栖处跃下地面捕捉猎物，繁殖季节叫声哀婉。

食　　性　主要以鼠类、蝗虫和鞘翅目昆虫等为食。

保护级别	CITES Ⅱ、国家二级重点保护动物	生态类型	猛禽
居留类型	留鸟	体　长	24 cm

鸮形目　鸱鸮科

72

红角鸮（东方角鸮）

Otus sunia

目	鸮形目 STRIGIFORMES
科	鸱鸮科 Strigidae
俗名	普通角鸮、欧亚角鸮、猫头鹰、欧洲角鸮

外观特征 体小，具褐色斑驳，眼黄色，胸满布黑色条纹，分灰色型及棕色型。

栖息环境 栖息于山地林间。

活动规律 除繁殖期成对活动外，常单独活动。夜行性。

食 性 主要以昆虫、鼠类和小鸟为食。

保护级别	CITES Ⅱ、国家二级重点保护动物	生态类型	猛禽
居留类型	留鸟	体 长	19 cm

73

褐林鸮

Strix leptogrammica

目	鸮形目 STRIGIFORMES
科	鸱鸮科 Strigidae

外观特征 全身满布红褐色横斑，无耳羽簇，面庞分明，上戴棕色"眼镜"，眼圈黑色，眉白色，上体深褐色，皮黄色及白色横斑浓重，胸淡染巧克力色，下体皮黄色并具深褐色细横纹。

栖息环境 栖息于茂密的山地森林，尤其是常绿阔叶林和混交林中，也出现于林缘、路边疏林及竹林中。

活动规律 夜行性鸮鸟，难得一见。白天遭扰时体羽缩紧如一段朽木，眼半睁以观动静，黄昏出来捕食前配偶间以叫声相约。

食　　性 主要以鼠类、小鸟等为食，也食蜥蜴、蛙和雉鸡、竹鸡等较大的鸟类。

保护级别	CITES Ⅱ、国家二级重点保护动物	生态类型	猛禽
居留类型	留鸟	体　长	50 cm

领鸺鹠

Glaucidium brodiei

目	鸮形目 STRIGIFORMES
科	鸱鸮科 Strigidae

外观特征 面盘不显著，多横斑，眼黄色，颈圈浅色，无耳羽簇，上体浅褐色而具橙黄色横斑，头顶灰色，具白色或皮黄色的小型"眼状斑"，喉白色而满具褐色横斑，胸及腹部皮黄色，具黑色横斑，大腿及臀白色并具褐色纵纹。

栖息环境 栖息于山地、林区等地。

活动规律 白日里发出叫声或遭受其他鸟的围攻时栖于高树上，夜晚亦栖于高树上，由凸显的栖木上出猎捕食，飞行时振翼极快。

食　性 主要以昆虫和鼠类为食，也食小鸟和其他小型动物。

保护级别	CITES Ⅱ、国家二级重点保护动物	生态类型	猛禽
居留类型	留鸟	体　长	16 cm

斑头鸺鹠

Glaucidium cuculoides

目	鸮形目 STRIGIFORMES
科	鸱鸮科 Strigidae
俗名	猫王鸟

外观特征 遍具棕褐色横斑，无耳羽簇，白色的颏纹明显，下线为褐色和皮黄色，上体棕栗色而具赭色横斑，沿肩部有一道白色线条将上体断开，体几全褐色，具赭色横斑，臀片白色，两胁栗色。

栖息环境 栖息于庭园、村庄、原始林及次生林。

活动规律 主要为夜行性，但有时白天也活动，多在夜间和清晨鸣叫。

食　性 主要以蝗虫、甲虫、螳螂、蝉、蟋蟀、蚂蚁、蜻蜓、毛虫等各种昆虫为食，也食鼠类、小鸟、蚯蚓、蛙类和蜥蜴等动物。

保护级别	CITES Ⅱ、国家二级重点保护动物	生态类型	猛禽
居留类型	留鸟	体　长	24 cm

短耳鸮

Asio flammeus

目	鸮形目 STRIGIFORMES
科	鸱鸮科 Strigidae
俗名	短耳猫头鹰、田猫王

外观特征　翼长，面庞显著，耳羽簇短，眼为光艳的黄色，眼圈暗色，上体黄褐色，满布黑色和皮黄色纵纹，下体皮黄色，具深褐色纵纹，飞行时黑色的腕斑显而易见。

栖息环境　栖息于低山、丘陵、苔原、荒漠、平原、沼泽、湖岸和草地等各类生境中，开阔平原草地、沼泽和湖岸地带较多见。

活动规律　多在黄昏和晚上活动和猎食，但也常在白天活动，平时多栖息于地上或潜伏于草丛中，很少栖于树上。飞行时不慌不忙，多贴地面飞行。

食　性　主要以鼠类为食，也食小鸟、蜥蜴和昆虫，偶尔也食植物果实和种子。

◆薄顺奇　摄

保护级别	CITES Ⅱ、国家二级重点保护动物	生态类型	猛禽
居留类型	冬候鸟	体　长	38 cm

鸮形目　鸱鸮科

普通夜鹰

Caprimulgus indicus

目	夜鹰目 CAPRIMULGIFORMES
科	夜鹰科 Caprimulgidae
俗名	蚊母鸟、贴树皮、鬼鸟、夜燕

外观特征　雄鸟偏灰色，缺少长尾夜鹰的锈色颈圈，外侧4对尾羽具白色斑纹，雌鸟似雄鸟但白色块斑呈皮黄色。

栖息环境　栖息于林缘疏林和农田附近的竹林中。

活动规律　常单独或成对活动，夜行性，白天栖息于地面或横枝。

食　　性　主要以天牛、金龟子、蚊等昆虫为食。

保护级别	三有物种	生态类型	猛禽
居留类型	夏候鸟	体　长	28 cm

◇薄顺奇 摄

小白腰雨燕

Apus nipalensis

目	雨燕目 APODIFORMES
科	雨燕科 Apodidiae
俗名	小雨燕、台燕、家雨燕

外观特征 喉及腰白色，背和尾黑褐色，微带蓝绿色光泽，尾为平尾，中间微凹，羽轴褐色。

栖息环境 栖息于河流、水库等水源附近，营巢于屋檐下、悬崖或洞穴口。

活动规律 结成大群活动。在开阔地的上空捕食。

食　性 主要以膜翅目等飞行昆虫为食。

保护级别	三有物种	生态类型	攀禽
居留类型	夏候鸟	体　长	15 cm

◇薄顺奇 摄

红头咬鹃

Harpactes erythrocephalus

目	咬鹃目 TROGONIFORMES
科	咬鹃科 Trogonidae
俗名	红姑鸽

外观特征　雄鸟以红色的头部为特征，背部颈圈缺失，红色的胸部具狭窄的半月形白环。雌鸟与其他雌咬鹃区别在腹部红色，胸部具半月形白环，而与所有雄咬鹃的区别在头黄褐色。

栖息环境　栖息于热带雨林及次生常绿阔叶林内。

活动规律　由密林的低树枝上猎取食物。

食　　性　主要以野果，以及蝗虫、螳螂等昆虫为食。

保护级别	三有物种	生态类型	攀禽
居留类型	留鸟	体　长	33 cm

咬鹃目　咬鹃科

80

普通翠鸟

Alcedo atthis

目	佛法僧目 CORACIIFORMES
科	翠鸟科 Alcedinidae
俗名	翠鸟、小翠、钓鱼郎、鱼虎、鱼狗、钓鱼翁、大翠鸟

外观特征　上体金属蓝绿色，颈侧具白色点斑，中央具一条蓝带，下体橙棕色，颏白色。识别特征为橘黄色条带横贯眼部及耳羽。幼鸟色黯淡，具深色胸带。

栖息环境　栖息于开阔郊野的淡水湖泊、溪流、运河、平原河谷、水库、水塘，甚至水田岸边和红树林。

活动规律　常立于岩石或探出的枝头上，转头四顾寻鱼而入水捉之。

食　　性　主要以鱼类为食。

保护级别	三有物种	生态类型	攀禽
居留类型	留鸟	体　长	15 cm

白胸翡翠

Halcyon smyrnensis

目	佛法僧目 CORACIIFORMES
科	翠鸟科 Alcedinidae
俗名	白喉翡翠、白胸鱼狗、翠碧鸟、翠毛鸟、红嘴吃鱼鸟、鱼虎

外观特征 嘴赤红色，头颈和腹部栗色，颏、喉及胸部白色，上背、翼及尾蓝色且鲜亮如闪光，翼上覆羽上部及翼端黑色。

栖息环境 栖息于旷野、河流、池塘、湖边、海边、水库、沼泽和稻田等水域。

活动规律 性活泼而喧闹。捕食于旷野、河流、池塘及海边等。

食　性 主要以鱼、蟹、软体动物和水生昆虫为食。

保护级别	无	生态类型	攀禽
居留类型	留鸟	体　长	27 cm

蓝翡翠

Halcyon pileata

目	佛法僧目 CORACIIFORMES
科	翠鸟科 Alcedinidae
俗名	黑顶翠鸟、黑帽鱼狗、蓝翠毛、蓝袍鱼狗、蓝鱼狗、喜鹊翠

外观特征 以头黑色为特征，翼上覆羽黑色，上体其余为亮丽华贵的蓝色或紫色，两胁及臀沾棕色，飞行时白色翼斑显见。

栖息环境 栖息于河流两岸、河口及红树林。

活动规律 常单独站立于水域附近的电线杆顶端，或较为稀疏的枝丫上，伺机猎取食物。晚间到树林或竹林中栖息。

食　　性 主要以鱼为食，也吃虾、蟹和各种昆虫。

保护级别	三有物种	生态类型	攀禽
居留类型	留鸟	体　长	约 30 cm

冠鱼狗

Megaceryle lugubris

目	佛法僧目 CORACIIFORMES
科	翠鸟科 Alcedinidae
俗名	花斑钓鱼郎

外观特征　冠羽发达，上体青黑色并具白色横斑和点斑，蓬起的冠羽也如是，大块的白斑由颊区延至颈侧，下有黑色髭纹，下体白色，具黑色的胸部斑纹，两胁具皮黄色横斑。雄鸟翼线白色，雌鸟黄棕色。

栖息环境　栖息于山麓、小山丘或平原森林河溪间。

活动规律　常光顾流速快、多砾石的清澈河流及溪流，停栖于大块岩石，飞行慢而有力且不盘飞。

食　　性　主要以虾、蟹、水生昆虫及蝌蚪等为食。

保护级别	无	生态类型	攀禽
居留类型	留鸟	体　长	41 cm

佛法僧目　翠鸟科

84

斑鱼狗

Ceryle rudis

目	佛法僧目 CORACIIFORMES
科	翠鸟科 Alcedinidae
俗名	花斑钓鱼郎、冠翠鸟

外观特征 冠羽较小，具显眼白色眉纹，上体黑色而多具白点，初级飞羽及尾羽基白色而稍黑色，下体白色，胸部上有黑色的宽阔条带，其下具狭窄的黑色斑。雌鸟胸带宽不如雄鸟。

栖息环境 栖息于河流、湖边、池塘、水库、沼泽和稻田等水域。

活动规律 成对或结群活动于较大水体及红树林，喜嘈杂。唯一常盘桓水面寻食的鱼狗。

食　　性 主要以小鱼为食，兼吃甲壳类动物和多种水生昆虫。

保护级别	无	生态类型	攀禽
居留类型	留鸟	体　长	27 cm

蓝喉蜂虎

Merops viridis

目	佛法僧目 CORACIIFORMES
科	蜂虎科 Meropidae
俗名	红头吃蜂鸟

外观特征 头顶及上背巧克力色，过眼线黑色，翼蓝绿色，腰及长尾浅蓝色，下体浅绿色，以蓝喉为特征。

栖息环境 栖息于近海低洼处的开阔原野及林地。

活动规律 繁殖期集群聚于多沙地带。少飞行或滑翔，常停在电线上或树上捕食空中过往的昆虫。偶从水面或地面拾食昆虫。

食　性 主要以昆虫为食。

保护级别	三有物种	生态类型	攀禽
居留类型	夏候鸟	体　长	约 28 cm

三宝鸟

Eurystomus orientalis

目	佛法僧目 CORACIIFORMES
科	佛法僧科 Coraciidae
俗名	阔嘴鸟、佛法僧、老鸹翠、宽嘴佛法僧、东方宽嘴转鸟

外观特征 中等体型的深色佛法僧，具宽阔的红嘴（亚成鸟为黑色）。整体色彩为暗蓝灰色，但喉为亮丽蓝色，飞行时两翼中心有对称的亮蓝色圆圈状斑块。雌雄同色。

栖息环境 栖息于针阔叶混交林、阔叶林林缘路边及河谷两岸高大的乔木树上。

活动规律 早、晚活动频繁。因其头和嘴看似猛禽，有时遭成群小鸟的围攻。

食　　性 主要以金龟子等甲虫为食，也食蝗虫等。

保护级别	三有物种	生态类型	攀禽
居留类型	留鸟、夏候鸟	体　长	30 cm

佛法僧目　佛法僧科

87

戴胜是中国画中经常
表现的形象之一，常配以萱
草，作为母爱的象征。戴胜
育雏时巢里很脏，不收拾粪
便，因此得名"臭咕咕"。

戴胜

Upupa epops

目	戴胜目 UPUPIFORMES
科	戴胜科 Upupidae
俗名	鸡冠鸟、臭姑鸪、咕咕翅、臭咕咕

外观特征　具长而尖黑的耸立型粉棕色丝状
冠羽，头、上背、肩及下体粉棕色，两翼及
尾具黑白相间的条纹，嘴长且下弯，直竖时
就像一把打开的折扇，随同鸣叫时起时伏，
受惊、鸣叫或在地上觅食时，冠能耸起。

栖息环境　栖息于山地、平原、林区、草地、
农田、村边、果园等地。

活动规律　喜开阔潮湿地面，一旦受惊，立
即飞向附近的高处。性情较为驯善，不太怕
人。

食　　性　主要以昆虫为食。

保护级别	三有物种	生态类型	攀禽
居留类型	留鸟	体　长	约 30 cm

戴胜目　戴胜科

大拟啄木鸟

Megalaima virens

目	鴷形目 PICIFORMES
科	拟鴷科 Capitonidae
俗名	阔嘴鸟

外观特征 头大呈墨蓝色，嘴特大呈草黄色，上体多绿色，腹部淡黄色带深绿色纵纹，尾下覆羽亮红色。

栖息环境 栖息于常绿阔叶林中，有时数只集于一棵树顶鸣叫。

活动规律 飞行如啄木鸟，升降幅度大。

食　　性 主要以马桑、五加科植物，以及其他植物的花、果实和种子为食。

保护级别	三有物种	生态类型	攀禽
居留类型	留鸟	体　长	约30 cm

黑眉拟啄木鸟

Megalaima oorti

| 目 | 䴕形目 PICIFORMES |
| 科 | 拟䴕科 Capitonidae |

外观特征　头部有蓝红黄黑四色，体型略小，眉黑色，颊蓝色，喉黄色，颈侧具红点。

栖息环境　栖息于海拔 2 500 m 以下的中低山和山脚平原常绿阔叶林和次生林中。

活动规律　常单独或成小群活动。晚上多栖息于树洞中。鸣声单调而洪亮，常不断地重复鸣叫。

食　　性　主要以植物果实、昆虫为食。

| 保护级别 | 三有物种 | 生态类型 | 攀禽 |
| 居留类型 | 留鸟 | 体　长 | 约20 cm |

蚁䴕

Jynx torquilla

目	鴷形目 PICIFORMES
科	啄木鸟科 Picidae
俗名	歪脖鸟、蛇颈鸟、蛇皮鸟、歪脖、地啄木

外观特征 体小的灰褐色啄木鸟。特征为体羽斑驳杂乱，下体具小横斑。嘴相对较短，呈圆锥形。就啄木鸟而言，尾羽较长，具不明显的横斑。

栖息环境 栖息于灌丛。

活动规律 不同于其他啄木鸟，蚁䴕栖于树枝而不攀树，也不錾啄树干取食。通常单独活动。人接近时，做头部往两侧扭动的动作。

食　性 主要以地面蚂蚁为食。

保护级别	三有物种	生态类型	攀禽
居留类型	冬候鸟、旅鸟	体　长	约 17 cm

斑姬啄木鸟

Picumnus innominatus

目	䴕形目 PICIFORMES
科	啄木鸟科 Picidae
俗名	歪脖鸟

外观特征　下体多黑色点斑，脸及尾部有黑白色纹。雄鸟前额橘黄色。

栖息环境　栖息于热带低山混合林的枯树或树枝上，尤喜竹林。

活动规律　觅食时持续发出轻微的叩击声。

食　　性　主要以蚂蚁、甲虫和其他昆虫为食。

保护级别	三有物种	生态类型	攀禽
居留类型	留鸟	体　长	约 10 cm

星头啄木鸟

Dendrocopos canicapillus

目	䴕形目 PICIFORMES
科	啄木鸟科 Picidae

外观特征　下体无红色，头顶灰色，雄鸟眼后上方具红色条纹，近黑色条纹的腹部棕黄色。

栖息环境　栖息于山地和平原阔叶林、针阔叶混交林和针叶林中，也出现于杂木林和次生林，甚至出现于村边和耕地中的零星乔木树上。分布海拔可达2 000 m 以上。

活动规律　常单独或成对活动，仅营巢带雏期间出现家族群。多在树中上部活动和取食，偶尔也到地面倒木上取食。飞行迅速，呈波浪式前进。

食　性　主要以天牛、小蠹虫、蚂蚁、椿象，以及其他鞘翅目和鳞翅目昆虫为食，偶尔也食植物果实和种子。

保护级别	三有物种	生态类型	攀禽
居留类型	留鸟	体　长	约15 cm

大斑啄木鸟

Dendrocopos major

目	鴷形目 PICIFORMES
科	啄木鸟科 Picidae
俗名	赤鴷、臭奔得儿木、花奔得儿木、花啄木、白花啄木鸟、啄木冠

外观特征 雄鸟枕部具狭窄红色带而雌鸟无。两性臀部均为红色，但带黑色纵纹的近白色胸部上无红色或橙红色。

栖息环境 栖息于山地和平原针叶林、针阔叶混交林和阔叶林中，以混交林和阔叶林较多，也出现于林缘次生林、农田地边疏林及灌丛地带。

活动规律 察出有虫时，就啄破树皮，以舌探入钩取害虫。索食时，从树干下方依螺旋式而渐攀至上方。

食　性 主要以小蠹虫、蝗虫、吉丁虫、天牛幼虫等各种昆虫为食，也食蜗牛、蜘蛛等其他小型无脊椎动物，偶尔也食橡实、松子、稠李和草籽等。

| 保护级别 | 三有物种 | 生态类型 | 攀禽 |
| 居留类型 | 留鸟 | 体　长 | 约24 cm |

栗啄木鸟

Celeus brachyurus

目	鴷形目 PICIFORMES
科	啄木鸟科 Picidae

外观特征　通体红褐色，两翼及上体具黑色横斑，下体也具较模糊横斑。雄鸟眼下和眼后部位具一红色斑。

栖息环境　栖息于低海拔的开阔林地、次生林、森缘地带、园林及人工林。

活动规律　常单独活动，繁殖期成对或成家族活动。

食　　性　主要以蚂蚁等蚁类为食。

保护级别	三有物种	生态类型	攀禽
居留类型	留鸟	体　长	21 cm

灰头绿啄木鸟

Picus canus

目	䴕形目 PICIFORMES
科	啄木鸟科 Picidae
俗名	山啄木、火老鸦、绿奔得儿木、香奔得儿木、黄啄木、绿啄木、黑枕绿啄木鸟

外观特征 雄鸟上体背部绿色，额部和顶部红色，枕部灰色并有黑纹，下体灰绿色。雌雄相似，但雌鸟头顶和额部非红色。

栖息环境 栖息于低山阔叶林和混交林，也出现于次生林和林缘地带，很少到原始针叶林中。秋冬季常出现于路旁、农田地边疏林，也常到村庄附近小林内活动。

活动规律 常单独或成对活动，很少成群。飞行迅速，呈波浪式前进。常在树干的中下部取食，也常在地面取食，尤其是地上倒木和蚁道上活动较多。平时很少鸣叫，

食　性 主要以蚂蚁、小蠹虫、天牛幼虫等昆虫为食。

保护级别	三有物种	生态类型	攀禽
居留类型	留鸟	体　长	约27 cm

黄嘴栗啄木鸟

Blythipicus pyrrhotis

目 鴷形目 PICIFORMES

科 啄木鸟科 Picidae

外观特征 体羽赤褐色并具黑色横纹，长嘴浅黄色。雄鸟颈侧及枕部有绯红色块斑。

栖息环境 栖息于山地阔叶林中。

活动规律 单独或成对活动。不錾击树木。

食　　性 主要以昆虫为食。

保护级别	三有物种	生态类型	攀禽
居留类型	留鸟	体　长	25~32 cm

鴷形目　啄木鸟科

仙八色鸫

Pitta nympha

目	雀形目 PASSERIFORMES		
科	八色鸫科 Pittidae		

外观特征 体色艳丽，冠纹黑色，贯穿眼睛的黑色宽纹一直延伸至后颈与冠纹相交，翼及腰部斑块天蓝色，下体色浅且多为灰色，腹部中央和尾下覆羽亮橙色，黑色尾羽的边缘呈亮蓝色。

栖息环境 栖息于平原至低山的次生阔叶林内，也出入于庭园和村庄附近的树丛内。

活动规律 常在灌木下的草丛间单独活动，边在地面上走边觅食，行动敏捷，性机警而胆怯、善跳跃。飞行直而低，飞行速度较慢。

食　性 主要以昆虫、蚯蚓等为食。

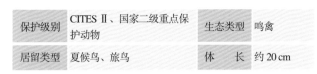

保护级别	CITES II、国家二级重点保护动物	生态类型	鸣禽
居留类型	夏候鸟、旅鸟	体　长	约20 cm

家燕

Hirundo rustica

目	雀形目 PASSERIFORMES
科	燕科 Hirundinidae
俗名	燕子、拙燕、观音燕

外观特征　上体钢蓝色，胸偏红色而具一道蓝色胸带，腹白色，尾甚长，近端处具白色点斑，犹如一把小巧的剪刀。

栖息环境　栖息于人类居住的环境。降落在枯树枝、柱子及电线上。

活动规律　各自寻食，但大量的鸟常取食于同一地点。有时结大群夜栖一处。在高空滑翔及盘旋，或低飞于地面或水面捕捉小昆虫。

食　　性　主要以昆虫为食。

保护级别	三有物种	生态类型	鸣禽
居留类型	夏候鸟	体　长	20 cm

小知识

金腰燕在巢址的选择上与家燕有别：家燕主要营巢在屋内，金腰燕则主要在屋外墙壁上，且喜选木结构房屋。

金腰燕

Hirundo daurica

目	雀形目 PASSERIFORMES
科	燕科 Hirundinidae
俗名	赤腰燕、胡燕、花燕儿、巧燕

外观特征 体羽上体黑色，两翼及尾黑白相间，浅栗色的腰与深钢蓝色的上体成对比，后颈深栗色，下体白色并密布黑色细纹，尾长、分叉。

栖息环境 栖息于低山及平原的居民点附近。降落在枯枝、柱子及电线上。

活动规律 各自寻食，但大量的鸟常取食于同一地点。有时结大群夜栖一处。在高空滑翔及盘旋，或低飞于地面或水面捕捉小昆虫。

食　　性 主要以昆虫为食。

保护级别	三有物种	生态类型	鸣禽
居留类型	夏候鸟、留鸟	体　长	16~20 cm

小知识

　　繁殖于东北、河北和华中各省区，迁徙时在华南一带可以见到，是消灭大量森林害虫的益鸟。

◆薄顺奇　摄

山鹡鸰

Dendronanthus indicus

目	雀形目 PASSERIFORMES
科	鹡鸰科 Motacillidae
俗名	刮刮油、林鹡鸰、树鹡鸰

外观特征　上体灰褐色，眉纹白色，两翼具黑白色的粗显斑纹，下体白色，胸上具二道黑色的横斑纹，较下的一道横纹有时不完整。

栖息环境　栖息于林间，不似其他鹡鸰喜在水边活动。

活动规律　单独或成对在开阔森林地面穿行。停栖时，尾轻轻往两侧摆动，不似其他鹡鸰尾上下摆动。飞行时为典型鹡鸰类的波浪式飞行。甚驯服，受惊时作波状低飞仅至前方几米处停下。

保护级别	三有物种	生态类型	鸣禽
居留类型	冬候鸟、旅鸟	体长	约17 cm

食　性　主要以昆虫为食，有直翅目的蝗虫，鳞翅目的蝶类、蛾类和幼虫，双翅目的虻类，膜翅目的蚁类，鞘翅目的昆虫，也食小蜗牛等。

◆薄顺奇　摄

白鹡鸰

Motacilla alba

目	雀形目 PASSERIFORMES
科	鹡鸰科 Motacillidae
俗名	白面鸟、白颊鹡鸰、白颤儿、马兰花儿、眼纹鹡鸰

外观特征　上体灰色，下体白色，两翼及尾黑白相间。雌鸟羽色暗。飞行时呈波浪式前进，停栖时尾部不停上下摆动。

栖息环境　栖息于近水的开阔地带、稻田、溪流边及道路上。

活动规律　受惊扰时飞行骤降，发出示警叫声。

食　　性　主要以昆虫为食，也食小型无脊椎动物。

保护级别	三有物种	生态类型	鸣禽
居留类型	留鸟、冬候鸟、旅鸟	体　长	17~20 cm

黄鹡鸰

Motacilla flava

目	雀形目 PASSERIFORMES
科	鹡鸰科 Motacillidae

外观特征 上体橄榄绿色或带褐色，尾较短，具白色、黄色或黄白色眉纹。飞羽黑褐色，具两道白色或黄白色横斑，下体黄色。飞行时无白色翼纹或黄色腰。

栖息环境 栖息于河谷、林缘、林中溪流、平原河谷、原野、池畔及居民点附近。

活动规律 多成对或成 3~5 只的小群活动，迁徙期亦见数十只的大群活动，常常边飞边叫，鸣声"唧、唧"。

食　性 主要以昆虫为食。

保护级别	三有物种	生态类型	鸣禽
居留类型	冬候鸟、旅鸟	体　长	18 cm

灰鹡鸰

Motacilla cinerea

目	雀形目 PASSERIFORMES
科	鹡鸰科 Motacillidae
俗名	黄腹灰鹡鸰、黄鸰、灰鸰、马兰花儿

外观特征 腰黄绿色，下体黄色。与黄鹡鸰的区别在：上背灰色，飞行时白色翼斑和黄色的腰显现，且尾较长。亚成鸟偏白色。

栖息环境 常停栖于水边、岩石、电线杆、屋顶等突出物体上，有时也栖于小树顶端枝头和水中露出水面的石头上，尾不断地上下摆动。

活动规律 单独或成对活动，有时也集成小群或与白鹡鸰混群。飞行时两翅一展一收，呈波浪式前进，并不断发出鸣叫声。

食　性 主要以蝗虫、甲虫、松毛虫等为食。

保护级别	三有物种	生态类型	鸣禽
居留类型	冬候鸟	体　长	19 cm

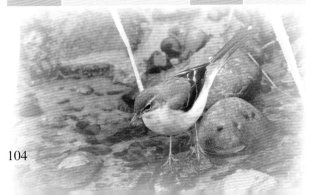

◆袁倩敏 摄

田鹨（理氏鹨）

Anthus richardi

| 目 | 雀形目 PASSERIFORMES |
| 科 | 鹡鸰科 Motacillidae |

外观特征　上体多具褐色纵纹，眉纹浅皮黄色，下体皮黄色，胸具深色纵纹。

栖息环境　栖息于开阔沿海或山区草甸、草地及放干的稻田。

活动规律　单独或成小群活动。站在地面时姿势甚直。飞行呈波浪状，每次跌飞均发出叫声。

| 保护级别 | 无 | 生态类型 | 鸣禽 |
| 居留类型 | 冬候鸟 | 体　长 | 约18 cm |

食　性　主要以陆地上细小的无脊椎动物为食，如甲虫、蜘蛛等，亦会食草等植物的种子。

◆袁倩敏 摄

树鹨

Anthus hodgsoni

目	雀形目 PASSERIFORMES
科	鹡鸰科 Motacillidae
俗名	地麻雀、木鹨

外观特征 具粗显的白色眉纹，耳后有明显的黄白色和黑色斑，上体橄榄色且具褐色纵纹，以头部较明显，喉及两胁皮黄色，下体皮黄色，胸及两胁密布黑褐色纵纹。

栖息环境 栖息于阔叶林、混交林和针叶林等，受惊扰时降落于树上。

活动规律 多在地上奔跑觅食。性机警，受惊后立刻飞到附近树上，边飞边发出叫声，声音尖细。

食　　性 主要以昆虫等小型无脊椎动物为食，也食苔藓、谷粒、杂草种子等。

保护级别	三有物种	生态类型	鸣禽
居留类型	冬候鸟	体长	约 16 cm

黄腹鹨

Anthus rubescens

目	雀形目 PASSERIFORMES
科	鹡鸰科 Motacillidae

外观特征 虹膜褐色，嘴上嘴角质色，下嘴偏粉色，脚暗黄色，似树鹨，但上体褐色浓重，胸及两胁纵纹浓密，颈侧具近黑色的块斑，初级飞羽及次级飞羽羽缘白色。

栖息环境 栖息于林缘、路边、河谷、林间空地、高山苔原、草地等各类生境，有时也出现在居民区。

活动规律 多成对或十几只小群活。性活跃，不停地在地上或灌丛中觅食。

食　　性 主要以鞘翅目昆虫、鳞翅目幼虫及膜翅目昆虫为食，兼食一些植物种子。

保护级别	无	生态类型	鸣禽
居留类型	冬候鸟	体　长	约 15 cm

暗灰鹃鵙

Coracina melaschistos

目	雀形目 PASSERIFORMES
科	山椒鸟科 Campephagidae
俗名	平尾龙眼燕、黑翅山椒鸟

外观特征　雄鸟青灰色，两翼亮黑色，尾下覆羽白色，尾羽黑色，三枚外侧尾羽的羽尖白色。雌鸟色浅，下体及耳羽具白色横斑，白色眼圈不完整，翼下通常具一小块白斑。

栖息环境　栖息于开阔林地及林缘。

活动规律　在树上筑碗状巢，有迁徙行为。

食　　性　主要以昆虫为食，也食蜘蛛和少量植物种子。

| 保护级别 | 三有物种 | 生态类型 | 鸣禽 |
| 居留类型 | 夏候鸟 | 体长 | 约 23 cm |

雀形目　山椒鸟科

108

小灰山椒鸟

Pericrocotus cantonensis

目 雀形目 PASSERIFORMES
科 山椒鸟科 Campephagidae

外观特征 前额明显白色，与灰山椒鸟的区别在腰及尾上覆羽浅皮黄色，颈背灰色较浓，通常具醒目的白色翼斑。雌鸟似雄鸟，但褐色较浓，有时无白色翼斑。

栖息环境 栖息于高至海拔1500m的落叶林及常绿林。

活动规律 冬季形成较大群活动。

食　　性 主要以昆虫为食，也食蜘蛛和少量植物种子。

保护级别	三有物种	生态类型	鸣禽
居留类型	夏候鸟	体　长	18 cm

灰山椒鸟
Pericrocotus divaricatus

目	雀形目 PASSERIFORMES
科	山椒鸟科 Campephagidae
俗名	宾灰燕儿、十字鸟、呆鸟

外观特征　体羽黑色、灰色及白色。与小灰山椒鸟的区别在眼先黑色。与鹃鵙的区别在下体白色，腰灰色。雄鸟顶冠、过眼纹及飞羽黑色，上体余部灰色，下体白色。雌鸟色浅而多灰色。

栖息环境　栖息于山林或平原庭园。

活动规律　停留时常单独或成对栖于大树顶层侧枝

保护级别	三有物种	生态类型	鸣禽
居留类型	旅鸟	体　长	20 cm

或枯枝上。飞翔呈波浪状前进。

食　性　主要以鞘翅目、鳞翅目、同翅目昆虫为食。

赤红山椒鸟

Pericrocotus flammeus

目	雀形目 PASSERIFORMES
科	山椒鸟科 Campephagidae
俗名	红十字鸟

外观特征 雄鸟的头、喉及上背蓝黑色，胸、腹部、腰、尾羽羽缘及翼上的两道斑纹红色。雌鸟背部多灰色，以黄色替代雄鸟的红色，且黄色延至喉、颏、耳羽及额头。

栖息环境 栖息于海拔 2 100 m 以下的山地和平原的雨林、季雨林、次生阔叶林，也见于松林、稀树草地或开垦的耕地。

活动规律 喜原始森林，多成对或成小群活动，在小叶树的树顶上轻松飞掠。

食　性 主要以昆虫为食，也食少量植物果实、种子、芽等。

保护级别	三有物种	生态类型	鸣禽
居留类型	留鸟	体　长	19 cm

灰喉山椒鸟

Pericrocotus solaris

目	雀形目 PASSERIFORMES
科	山椒鸟科 Campephagidae
俗名	十字鸟

外观特征　雄鸟橙红色，喉及耳羽暗深灰色，下背及尾上覆羽、胸部以下均为橙红色。雌鸟黄色，身体灰色部分较淡，其他部位以鲜黄色代替雄鸟的橙红色部分。

栖息环境　栖息于低山丘陵和山脚平原的次生阔叶林、热带雨林和季雨林。

活动规律　常成小群活动，有时亦与赤红山椒鸟混杂在一起。性活泼，飞行姿势优美，常边飞边叫，叫声尖细。

食　　性　主要以昆虫为食。

保护级别	三有物种	生态类型	鸣禽
居留类型	留鸟	体　长	约 17 cm

领雀嘴鹎

Spizixos semitorques

目	雀形目 PASSERIFORMES
科	鹎科 Pycnonotidae
俗名	羊头公、中国圆嘴布鲁布鲁、绿鹦嘴鹎、青冠雀

外观特征　厚重的嘴象牙色，具短羽冠。似凤头雀嘴鹎，但冠羽较短，头及喉偏黑色，颈背灰色。特征为喉白色，嘴基周围近白色，脸颊具白色细纹，尾绿色而尾端黑色。

栖息环境　栖息于次生植被及灌丛。

活动规律　结小群停栖于电话线或竹林。繁殖期 5—7 月，通常营巢于溪边或路边小树侧枝梢处，也有营巢于灌丛上，距地高 1~3 m，巢用细干枝、细藤条、草茎、草穗等构成，内垫细草茎、草叶、细树根、草穗、棕丝等。

食　　性　主要以飞行性昆虫为食。

保护级别	三有物种	生态类型	鸣禽
居留类型	留鸟	体　长	约 23 cm

红耳鹎

Pycnonotus jocosus

目	雀形目 PASSERIFORMES
科	鹎科 Pycnonotidae
俗名	高冠鸟、黑头公、红颊鹎、高髻冠

外观特征 黑色的羽冠长窄而前倾，就像戴了一顶小帽子，黑白色的头部图纹上具红色耳斑是它的特征。上体余部偏褐色，下体皮黄色，臀红色，尾端边缘白色。

栖息环境 栖息于低山和山脚丘陵地带的雨林、季雨林、常绿阔叶林等开阔林区，还栖息于村落、农田附近的树林、灌丛和城镇公园。喜停栖于突出物上，常站在小树最高点鸣唱或鸣叫。

活动规律 吵嚷好动而喜群栖。

食　　性 主要以植物性食物为食。

| 保护级别 | 三有物种 | 生态类型 | 鸣禽 |
| 居留类型 | 留鸟 | 体　长 | 20 cm |

雀形目　鹎科

114

白头鹎

Pycnonotus sinensis

目	雀形目 PASSERIFORMES
科	鹎科 Pycnonotidae
俗名	白头翁、白头婆

外观特征　黑色的头顶略具羽冠，两眼上方至后枕白色，形成一白色枕环，腹白色具黄绿色纵纹，髭纹黑色，臀白色。

栖息环境　栖息于山区森林、果园、公园、村落、农田地边灌丛以及道路上。

活动规律　性活泼，结群于果树上活动。有时从栖息处飞行捕食。

食　　性　主要以昆虫为食，如蝗虫、卷叶蛾等。

保护级别	三有物种	生态类型	鸣禽
居留类型	留鸟	体　长	约 19 cm

白喉红臀鹎

Pycnonotus aurigaster

目	雀形目 PASSERIFORMES
科	鹎科 Pycnonotidae
俗名	高髻冠、黑帽布鲁布鲁、红座白头只

外观特征　颏及头顶黑色，臀红色，耳羽、领环、腰、胸及腹部白色，上体灰褐色或褐色，两翼黑色，尾褐色，尾端白色。

栖息环境　栖息于开阔林地、林缘灌丛和稀树草坡灌丛、次生植被、公园及园林。

活动规律　群栖性，性情活泼吵嚷，常与其他鹎类混群。

食　性　主要以植物性食物为食。

保护级别	三有物种	生态类型	鸣禽
居留类型	留鸟	体　长	约 20 cm

雀形目　鹎科

116

栗背短脚鹎

Hemyixos castanonotus

| 目 | 雀形目 PASSERIFORMES |
| 科 | 鹎科 Pycnonotidae |

外观特征　上体栗褐色，头顶黑色并略具羽冠，喉、腹及臀部偏白色，胸及两胁浅灰色，两翼及尾灰褐色，覆羽及尾羽边缘绿黄色。

栖息环境　栖息于次生阔叶林、林缘灌丛和稀树草坡灌丛。

活动规律　常结成活跃小群活动。

食　　性　杂食性，主要以植物性食物、昆虫等为食。

保护级别	无	生态类型	鸣禽
居留类型	留鸟	体　长	约 21 cm

绿翅短脚鹎

Hypsipetes mcclellandii

目	雀形目 PASSERIFORMES
科	鹎科 Pycnonotidae
俗名	绿膀布鲁布鲁

外观特征 褐色羽冠短而蓬松，夹杂白色细纹，颈背及上胸棕色，喉偏白色并具纵纹，背、两翼及尾偏绿色，腹及臀偏白色。

栖息环境 栖息于海拔 2 300 m 以下的次生阔叶林、混交林、松杉针叶林，也见于溪流河畔或村寨附近的竹林、杂木林。

活动规律 有时结成大群活动。大胆围攻猛禽及杜鹃类。

食　性 主要以小型植物果实及昆虫为食。

保护级别	无	生态类型	鸣禽
居留类型	留鸟	体　长	约 24 cm

黑短脚鹎

Hypsipetes leucocephalus

目	雀形目 PASSERIFORMES
科	鹎科 Pycnonotidae
俗名	黑鹎、红嘴黑鹎、山白头

外观特征 尾略分叉，嘴、脚及眼呈亮红色。有两种色型，一种通体近黑色，另一种头、颈和上胸为白色，余部黑色。

栖息环境 栖息于次生林、阔叶林、常绿阔叶林和针阔叶混交林及其林缘，以及开阔的村庄、田野、山丘、山谷等。

活动规律 常成小群或大群活动。

食　　性 主要以植物果实及昆虫为食。

保护级别	三有物种	生态类型	鸣禽
居留类型	留鸟、夏候鸟	体　长	20 cm

橙腹叶鹎

Chloropsis hardwickii

目 雀形目 PASSERIFORMES

科 叶鹎科 Chloropseidae

外观特征 雄鸟上体绿色，下体浓橘黄色，两翼及尾蓝色，脸罩及胸兜紫黑色，髭纹蓝色。雌鸟身体多绿色，髭纹蓝色，腹中央具一道狭窄的赭石色条带。

栖息环境 栖息于森林各层。

活动规律 性情活跃。

食　性 主要以昆虫为食。

保护级别	三有物种	生态类型	鸣禽
居留类型	留鸟	体　长	约20 cm

雀形目　叶鹎科

120

虎纹伯劳

Lanius tigrinus

目	雀形目 PASSERIFORMES
科	伯劳科 Laniidae
俗名	花伯劳、虎伯劳、虎鶒、粗嘴伯劳、厚嘴伯劳、三色虎伯劳

外观特征 雄鸟顶冠及颈背灰色，背、两翼及尾浓栗色而多具黑色横斑，过眼线宽且黑色，下体白色，两胁具褐色横斑。雌鸟似雄鸟，但眼先及眉纹色浅。亚成鸟为较暗的褐色，眼纹黑色并具模糊的横斑，眉纹色浅，下体皮黄色，腹部及两胁的横斑较红尾伯劳粗。

栖息环境 栖息于平原至丘陵、山地的树林，喜栖于疏林边缘，巢址选在带荆棘的灌木及洋槐等阔叶树。

活动规律 性格凶猛，常停栖在固定场所寻觅和抓捕猎物。

食　性 主要以熊蜂、蝗虫、松毛虫、蝇类等为食。

保护级别	三有物种	生态类型	鸣禽
居留类型	冬候鸟、旅鸟	体　长	19 cm

红尾伯劳

Lanius cristatus

目	雀形目 PASSERIFORMES
科	伯劳科 Laniidae
俗名	褐伯劳

外观特征 上体棕褐色或灰褐色，两翅黑褐色，头顶灰色或红棕色，具白色眉纹和粗而显著的黑色贯眼纹。尾上覆羽红棕色，尾羽棕褐色，尾呈楔形。颏、喉白色，其余下体棕白色。

栖息环境 栖息于温湿地带，常见于平原、丘陵至低山区，多筑巢于林缘、开阔地附近。

活动规律 单独或成对活动。性活泼，常在枝头跳跃或飞上飞下。有时亦高高地站立在小树顶端或电线上静静地注视着四周，待有猎物出现时，才突然飞去捕猎，然后再飞回原来栖木上栖息。

食　　性 主要以昆虫等为食。

保护级别	三有物种	生态类型	鸣禽
居留类型	冬候鸟	体　长	约20 cm

雀形目　伯劳科

棕背伯劳

Lanius schach

目	雀形目 PASSERIFORMES
科	伯劳科 Laniidae
俗名	桂来姆、黄伯劳、海南鹛、大红背伯劳

外观特征　成鸟额、眼纹、两翼及尾黑色，翼有一白色斑，头顶及颈背灰色或灰黑色，背、腰及体侧红褐色，颏、喉、胸及腹中心部位白色。亚成鸟色较暗，两胁及背具横斑，头及颈背灰色较重。深色型的"暗黑色伯劳"在香港及广东并不罕见。

栖息环境　栖息于草地、灌丛、茶林、丁香林及其他开阔地，常见于城区、灌丛、公园。

活动规律　平时常栖息于芦苇梢处，东张西望，一见地上有食物，就直下捕杀。亦能在空中捕食飞行的昆虫和小鸟。

食　　性　性凶猛，不仅善于捕食昆虫，也能捕杀小鸟、蛙类和啮齿类。

保护级别	三有物种	生态类型	鸣禽
居留类型	留鸟	体　长	23~28 cm

雀形目　伯劳科

黑枕黄鹂

Oriolus chinensis

目	雀形目 PASSERIFORMES
科	黄鹂科 Oriolidea
俗名	黄鹂、黄莺、黄鸟、金衣公子

外观特征 过眼纹及颈背黑色，飞羽多为黑色。雄鸟体羽余部艳黄色。雌鸟色较暗淡，背橄榄黄色。

栖息环境 栖息于天然次生阔叶林、混交林。

活动规律 常单独或成对活动，有时也见呈 3~5 只的松散群。主要在高大乔木的树冠层活动，很少下到地面。

食　性 主要以昆虫为食。

保护级别	三有物种	生态类型	鸣禽
居留类型	夏候鸟	体　长	约 26 cm

雀形目　黄鹂科

124

◆罗平钊 摄

鹊鹂
Oriolus mellianus

目	雀形目 PASSERIFORMES
科	黄鹂科 Oriolidea
俗名	鹊黄鹂、鹊色鹂、鹊色黄鹂

外观特征 嘴灰色，脚灰色，尾洋红色，雄鸟甚有特色。雌鸟似朱鹂雌鸟，但黑色的头与灰色的背成对比，下体较白且纵纹较窄。

栖息环境 栖息于次生阔叶林和疏林。

活动规律 树栖性，常成对或单独活动，清晨鸣叫

保护级别	三有物种	生态类型	鸣禽
居留类型	夏候鸟	体 长	28 cm

最频繁。

食 性 主要以昆虫为主食，也食植物果实和种子。

◇罗平钊 摄

雀形目 黄鹂科

125

黑卷尾

Dicrurus macrocercus

目	雀形目 PASSERIFORMES
科	卷尾科 Dicruridae
俗名	铁燕子、龙尾燕、大胆鸟、黑黎鸡、黑龙眼燕、剪刀雁

外观特征 通体黑色，带蓝色金属光泽。嘴小，尾长而叉深，末端向上曲而微卷。亚成鸟下体上部具近白色横纹。

栖息环境 栖息于开阔地区、山坡、平原丘陵地带的阔叶林，平时栖息在山麓或沿溪的树顶上，或停歇在小树或竖立于田野间的电线杆上。

活动规律 数量多，常成对或集成小群活动。动作敏捷，边飞边叫。

食　　性 主要以昆虫为食。

保护级别	三有物种	生态类型	鸣禽
居留类型	夏候鸟	体　长	27~30 cm

灰卷尾

Dicrurus leucophaeus

目	雀形目 PASSERIFORMES	
科	卷尾科 Dicruridae	
俗名	灰龙眼燕、白颊卷尾	

外观特征 全身为暗灰色，鼻羽和前额黑色，眼先及头之两侧为纯白色，故又有白颊卷尾之称。尾长而分叉，尾羽上有不明显的浅黑色横纹。

栖息环境 栖息于平原丘陵地带、村庄附近、河谷或山区，常停栖在高大乔木树冠顶端或山区岩石顶上。

活动规律 成对活动，立于林间空地的裸露树枝或藤条，捕食过往昆虫，攀高捕捉飞蛾或俯冲捕捉飞行中的猎物。

食　性 主要以昆虫为食，如椿象、白蚁和松毛虫，也食植物种子。

保护级别	三有物种	生态类型	鸣禽
居留类型	夏候鸟	体　长	28 cm

发冠卷尾

Dicrurus hottentottus

目	雀形目 PASSERIFORMES
科	卷尾科 Dicruridae
俗名	发形凤头卷尾、卷尾燕、山黎鸡

外观特征 头具细长的羽冠，体羽斑点闪烁。尾长而分叉，外侧羽端钝而上翘，形似竖琴。

栖息环境 栖息于中低海拔的丘陵和山地林区，晨昏喜结群活动。多筑巢于林缘高大乔木顶端的向阳枝丫上。

活动规律 晨昏聚集一起鸣唱并在空中捕捉昆虫。性吵嚷。

食　性 主要以昆虫为食，如甲虫、椿象、蟋蟀、蝗虫等。

保护级别	三有物种	生态类型	鸣禽
居留类型	夏候鸟	体　长	32 cm

八哥

Acridotheres cristatellus

目	雀形目 PASSERIFORMES
科	椋鸟科 Sturnidae
俗名	普通八哥、鹩哥仔、凤头八哥、寒皋、华华、了哥、鸲鹆

外观特征 通体黑色，具有光泽。前额有竖直的冠状羽簇，翅膀上有白色翼斑，外侧尾羽具白色端。从下方仰视，两块白斑呈"八"字形。嘴、脚黄色，嘴基部红色或粉红色。

栖息环境 栖息于旷野、城镇及公园，在地面阔步而行。

活动规律 除繁殖季节外，多成群活动，常栖息在大树上或成行站立在屋顶上。

食　性 主要以昆虫为食，也食植物浆果、种子。

保护级别	三有物种	生态类型	鸣禽
居留类型	留鸟	体　长	24~26 cm

黑领椋鸟

Sturnus nigricollis

目	雀形目 PASSERIFORMES
科	椋鸟科 Sturnidae
俗名	脖八哥、白头椋鸟、黑脖八哥、白头莺

外观特征 头白色，颈环及上胸黑色，背及两翼黑色，翼缘白色，尾黑色而尾端白色，眼周裸露皮肤，腿黄色。

栖息环境 栖息于山脚平原、草地、农田、荒地、草坡等开阔地带。

活动规律 常成对或成小群活动，有时也见和八哥混群。鸣声单调、嘈杂，常且飞且鸣，特别是当人接近的时候，常常发出嘈杂的叫声。觅食多在地上。

食　　性 主要以昆虫为食。

保护级别	三有物种	生态类型	鸣禽
居留类型	留鸟	体　长	约 28 cm

雀形目　椋鸟科

130

◆袁倩敏 摄

灰背椋鸟

Sturnus sinensis

目	雀形目 PASSERIFORMES
科	椋鸟科 Sturnidae
俗名	噪林鸟、白肩椋鸟、白鹣哥、白了哥、番了哥

外观特征 雄鸟翅膀上覆羽及肩部白色，通体灰色，头顶及腹部偏白色，飞羽黑色，外侧尾羽羽端白色。雌鸟翅膀覆羽的白色较少。

栖息环境 栖息于低山、平原及丘陵之开阔地带。

活动规律 群聚性强，活泼好动，常与其他椋鸟、八哥混群，并在傍晚前聚集于树枝、屋顶或电线等

保护级别	三有物种	生态类型	鸣禽
居留类型	留鸟、夏候鸟、冬候鸟	体 长	17~20 cm

明显目标上，然后进入树林一起夜栖。

食 性 杂食性，多半在地面觅食，也到树上采食浆果。

◇池鸿健 摄

131

丝光椋鸟

Sturnus sericeus

目	雀形目 PASSERIFORMES
科	椋鸟科 Sturnidae
俗名	丝毛椋鸟、牛屎八哥

外观特征 嘴红色，两翼及尾辉黑色，脚橙黄色，头、颈银白色，羽毛丝状。飞行时初级飞羽的白色斑明显，头具近白色丝状羽，上体余部灰色。

栖息环境 栖息于低山丘陵和山脚平原的次生林、稀树草坡等开阔地带。

活动规律 迁徙时成大群活动。

食　　性 主要以昆虫为食，也食植物浆果、种子。

保护级别	三有物种	生态类型	鸣禽
居留类型	留鸟	体　长	20~24 cm

132

灰椋鸟

Sturnus cineraceus

目	雀形目 PASSERIFORMES
科	椋鸟科 Sturnidae
俗名	杜丽雀、假画眉、高粱头、管莲子、竹雀

外观特征　中等体型的棕灰色椋鸟。头黑色，头侧具白色纵纹，臀、外侧尾羽羽端及次级飞羽具白色狭窄横纹。嘴橙红色，尖端黑色，脚橙黄色。

栖息环境　栖息于低山丘陵和开阔平原地带的疏林草甸、河谷阔叶林和农田。

活动规律　群栖性，在远东地区取代紫翅椋鸟。

食　　性　主要以昆虫为食。

保护级别	三有物种	生态类型	鸣禽
居留类型	冬候鸟	体　长	24 cm

雀形目　椋鸟科

小知识

松鸦在中国分布较广，亚种分化较多，除部分亚种外，总的种群数量较丰富，是山地森林中常见鸟类之一。它不仅捕食大量森林害虫，对森林有益，而且由于它有贮藏种子的习性，对种子的传播亦是有益的，应注意保护。

松鸦

Garrulus glandarius

目	雀形目 PASSERIFORMES
科	鸦科 Corvidae
俗名	山和尚

外观特征 翼上具黑色及蓝色镶嵌图案，腰白色。髭纹黑色，两翼黑色并具白色块斑，飞行时两翼显得宽圆。

栖息环境 栖息于落叶林地及森林。

活动规律 除繁殖期多见成对活动外，其他季节多集成 3~5 只的小群四处游荡。性喧闹，会主动围攻猛禽。

食　　性 以鸟卵、橡树子及其他植物果实为食。

保护级别	无	生态类型	鸣禽
居留类型	留鸟	体　长	28~35 cm

小知识

其食物中害虫所占比例很大，是有名的益鸟。

红嘴蓝鹊

Urocissa erythroryncha

目	雀形目 PASSERIFORMES
科	鸦科 Corvidae
俗名	尾山鸦、长尾山鹊、长尾巴练、赤尾山鸦

外观特征　嘴和脚红色。头、颈、喉及胸黑色，头顶至后颈杂以白色斑，上体蓝色至蓝灰色，下体白色沾灰色，尾羽楔形特长呈蓝色，尾端白色。

栖息环境　栖息于林缘地带、灌丛、公园甚至村庄。

活动规律　性喧闹。结小群活动，常在地面取食。

食　性　主要以植物果实、小型鸟类及鸟卵、昆虫和动物尸体为食。

保护级别	三有物种	生态类型	鸣禽
居留类型	留鸟	体　长	65~68 cm

雀形目　鸦科

135

灰树鹊

Dendrocitta formosae

目 雀形目 PASSERIFORMES	
科 鸦科 Corvidae	

外观特征 颈背灰色，上背褐色，下体灰色，臀部棕色，具甚长楔形尾，尾黑色，或黑色而中央尾羽灰色，黑色翼上有一小块白色斑。

栖息环境 栖息于山地阔叶林、针阔叶混交林和次生林，也见于林缘疏林和灌丛。

活动规律 立于低处等待猎物，于地面或树叶间捕食，常在树冠的中上层穿行跳跃。性怯懦而吵嚷，有时吵闹成群或与其他种类混群活动。

食　性 主要以植物果实与种子为食，也食昆虫、雏鸟、鸟卵和动物尸体等。

保护级别	三有物种	生态类型	鸣禽
居留类型	留鸟	体　长	38 cm

喜鹊

Pica pica

目	雀形目 PASSERIFORMES
科	鸦科 Corvidae
俗名	鹊、客鹊、飞驳鸟

外观特征　通体黑色并具蓝紫色光辉，颏、喉黑色，腹白色，长尾黑绿色，两翼黑色，有白色斑。

栖息环境　栖息于郊野、村庄、公园。适应性强，中国北方的农田或南方的摩天大厦均可为家。巢为胡乱堆搭的拱圆形树棍，经年不变。

活动规律　结小群活动。多从地面取食。

食　　性　杂食性。

保护级别	三有物种	生态类型	鸣禽
居留类型	留鸟	体　长	约 45 cm

小知识

　　达乌里寒鸦大量取食垃圾及动物腐尸，堪称大自然的清洁工。

达乌里寒鸦

Corvus dauricus

目	雀形目 PASSERIFORMES
科	鸦科 Corvidae
俗名	白脖寒鸦、白腹寒鸦

外观特征　全身羽毛主要为黑色，仅后颈有一宽阔的白色颈圈向两侧延伸至胸和腹部，在黑色体羽衬托下极为醒目。与白颈鸦的区别在体型较小且嘴细，胸部白色部分较大。幼鸟色彩反差小，但与寒鸦成体的区别在眼深色，与寒鸦幼体的区别在耳羽具银色细纹。

栖息环境　栖息于山地、丘陵、平原、农田、旷野等各类生境中，以河边悬岩和河岸森林地带较常见。

活动规律　占据路边、公园、小区的高大乔木作为夜宿场所，白天则飞往郊区在垃圾堆、农田中寻找食物。营巢于开阔地、树洞、岩崖或建筑物上。

食　　性　杂食性鸟类，取食范围甚广，垃圾、腐肉、植物种子、各种昆虫和鸟卵都在本物种的食谱上面。

保护级别	三有物种	生态类型	鸣禽
居留类型	冬候鸟	体　长	32 cm

大嘴乌鸦

Corvus macrorhynchos

目	雀形目 PASSERIFORMES
科	鸦科 Corvidae
俗名	老鸦

外观特征　羽毛具金属光泽，嘴甚粗厚，嘴峰弯曲，嘴基有长羽，额头明显向上呈拱圆形，长尾楔形。

栖息环境　栖息于山地阔叶林、针阔叶混交林等各类森林，喜在村落周围活动。

活动规律　除繁殖期成对活动外，其他季节多成三五只或十多只的小群活动，有时亦见和秃鼻乌鸦、小嘴乌鸦混群活动，偶尔也见有数十只甚至数百只的大群。

食　性　杂食性。

保护级别	无	生态类型	鸣禽
居留类型	留鸟	体　长	约 50 cm

139

白颈鸦

Corvus pectoralis

| 目 | 雀形目 PASSERIFORMES |
| 科 | 鸦科 Corvidae |

外观特征　嘴粗厚，颈背及胸带强反差的白色使其有别于同地区的其他鸦类，仅达乌里寒鸦与之略似，但达乌里寒鸦较白颈鸦体甚小而下体甚多白色。

栖息环境　栖息于平原、耕地、河滩、城镇及村庄。

活动规律　在中国东部取代小嘴乌鸦。有时与大嘴乌鸦混群出现。

食　性　主要以植物种子、昆虫、垃圾、腐肉等为食。

保护级别	无	生态类型	鸣禽
居留类型	留鸟	体　长	约54 cm

雀形目　鸦科

140

褐河乌

Cinclus pallasii

目	雀形目 PASSERIFORMES
科	河乌科 Cinclidae
俗名	水乌鸦、小水乌鸦

外观特征　体型略大的深褐色河乌，体无白色或浅色胸围，有时眼上的白色小块斑明显。

栖息环境　栖息于山间河流两岸的大石上。

活动规律　常单独或成对活动。飞行距离较短，略有季节性垂直迁移。

食　性　主要以水生昆虫和其他小型水生无脊椎动物为食。

保护级别	无	生态类型	鸣禽
居留类型	留鸟	体　长	21 cm

◆陈什旺 摄

白喉短翅鸫

Brachypteryx leucophrys

目	雀形目 PASSERIFORMES
科	鸫科 Turdidae

外观特征 雌雄两性都有模糊的浅色半隐蔽眉纹，尾较短。雄鸟上体青石蓝色，喉及腹中心白色。雌鸟上体红褐色，胸及两胁沾红褐色而具鳞状纹，喉及腹部白色。

栖息环境 栖息于林下密丛及森林地面。

活动规律 性羞怯。

食　　性 杂食性。

保护级别	无	生态类型	鸣禽
居留类型	留鸟	体　长	约 13 cm

红尾歌鸲

Luscinia sibilans

目	雀形目 PASSERIFORMES
科	鸫科 Turdidae
俗名	红腰鸥鸲

外观特征 上体橄榄褐色，眼先和颊黄褐色，尾棕色，下体近白色，胸部具橄榄色扇贝形纹。
栖息环境 栖息于林木稀疏而林下灌木密集的地方，主要在地上和接近地面的灌木或树桩上活动。
活动规律 多单独活动，占域性甚强。
食　性 主要以卷叶蛾等多种害虫为食。

保护级别	无	生态类型	鸣禽
居留类型	旅鸟	体　长	13 cm

雀形目　鸫科

143

红喉歌鸲

Luscinia calliope

目	雀形目 PASSERIFORMES
科	鸫科 Turdidae
俗名	白点颏、红波、红脖、红点颏、野驹、野鸲

外观特征 具醒目的白色眉纹和颊纹，尾褐色，两胁皮黄色，腹部皮黄白色。雌鸟胸带近褐色，头部黑白色条纹独特。成年雄鸟的特征为喉红色。

栖息环境 栖息于平原地带的灌丛、芦苇丛或竹林间，更多活动于溪流旁，多觅食于地面或灌丛的低地间。

活动规律 觅食大都在地面上，随走随啄，疾驰时常稍停而将其尾向上略展如扇状。繁殖期发出多韵而悦耳的鸣声，常清晨、黄昏以至月夜歌唱。

食　性 主要以直翅目、半翅目、膜翅目等昆虫和少量植物性食物为食。

保护级别	三有物种	生态类型	鸣禽
居留类型	冬候鸟	体　长	16 cm

雀形目　鸫科

144

蓝喉歌鸲

Luscinia svecica

目	雀形目 PASSERIFORMES
科	鸫科 Turdidae
俗名	蓝点颏、犒鸟

外观特征 喉部具栗色、蓝色及黑白色图纹，眉纹近白色，外侧尾羽基部的棕色于飞行时可见。上体灰褐色，下体白色，尾深褐色。雌鸟喉白色而无橘黄色及蓝色，黑色的细颊纹与由黑色点斑组成的胸带相连。

栖息环境 栖息于近水的植被覆盖茂密处。

活动规律 惧生，多取食于地面。走似跳，不时停下抬头及闪尾，站势直。飞行快速，径直躲入覆盖物下。

食　　性 主要以金龟甲、椿象、蝗虫等鞘翅目、半翅目昆虫为食，特别是鳞翅目幼虫，也食植物种子等。

保护级别	三有物种	生态类型	鸣禽
居留类型	冬候鸟、旅鸟	体　长	14 cm

红胁蓝尾鸲

Tarsiger cyanurus

目	雀形目 PASSERIFORMES
科	鸫科 Turdidae
俗名	蓝尾欧鸲、蓝点冈子、蓝尾巴根子、蓝尾杰

外观特征　橘黄色两胁与白色腹部及臀成对比。雄鸟上体蓝色，眉纹白色，中央一对尾羽具蓝色羽缘。雌鸟上体橄榄褐色，腰和尾上覆羽灰蓝色，尾黑褐色外表亦沾灰蓝色，喉部褐色且有白色中线。

栖息环境　栖息于湿润山地森林及次生林的林下低处和城镇、公园。

活动规律　常单独或成对活动，有时亦见成 3~5 只的小群，尤其是秋季。主要为地栖性，多在林下地上奔跑或在灌木低枝间跳跃，性甚隐匿，除繁殖期雄鸟站在枝头鸣叫外，一般多在林下灌丛间活动和觅食，停歇时常上下摆尾。

食　　性　主要以昆虫为食，也食少量植物性食物。

| 保护级别 | 三有物种 | 生态类型 | 鸣禽 |
| 居留类型 | 冬候鸟 | 体　长 | 约 14 cm |

鹊鸲

Copsychus saularis

目	雀形目 PASSERIFORMES
科	鸫科 Turdidae
俗名	猪屎渣、四喜、四喜儿、吱渣、信鸟

外观特征 中等体型的黑白色鸲。雄鸟的头、胸及背闪辉蓝黑色，两翼及中央尾羽黑色，外侧尾羽及覆羽上的条纹白色，腹及臀亦白色。雌鸟似雄鸟，但暗灰色取代黑色。

栖息环境 栖息于花园、村庄、次生林、开阔森林及红树林。

活动规律 单独或成对活动。性活泼、大胆，不畏人，好斗，特别是繁殖期，常为争偶而格斗。觅食时常摆尾，不分四季晨昏，在高兴时会在树枝或大厦外墙鸣唱。

食　　性 主要以昆虫为食。

保护级别	三有物种	生态类型	鸣禽
居留类型	留鸟	体　长	约 20 cm

北红尾鸲

Phoenicurus auroreus

目	雀形目 PASSERIFORMES
科	鸫科 Turdidae
俗名	灰顶茶鸲、红尾溜、穿马褂、大红燕、花红燕儿、火燕

外观特征 雄鸟眼先、头侧、喉、上背及两翼褐黑色，白色翼斑宽大明显，头顶及颈背灰色，体羽余部栗褐色，中央尾羽深黑褐色。雌鸟色彩暗淡，白色翼斑显著，眼圈及尾皮黄色，臀部有时为棕色。

栖息环境 栖息于山地、森林、河谷、林缘和居民点附近的灌丛与低矮树丛中。

活动规律 常单独或成对活动。常立于突出的栖处，尾羽颤动不停。行动敏捷，频繁地在地上和灌丛间跳来跳去啄食虫子，偶尔也在空中飞翔捕食。繁殖期间活动范围不大，通常在距巢 80~100 m 范围内活动，不喜欢高空飞翔。

食　　性 主要以昆虫为食。

保护级别	三有物种	生态类型	鸣禽
居留类型	冬候鸟	体　长	约 15 cm

雀形目　鸫科

148

红尾水鸲

Rhyacornis fuliginosa

目	雀形目 PASSERIFORMES
科	鸫科 Turdidae
俗名	溪红尾鸲、溪鸲燕、蓝石青儿

外观特征 雄鸟腰、臀及尾栗褐色，其余部位深青石蓝色。雌鸟上体灰色，下体具鳞状斑纹，臀、腰及外侧尾羽基部白色尾，余部黑色，翅膀黑色。

栖息环境 栖息于山地溪流与河谷沿岸。总出现在多砾石的溪流及河流两旁，或停栖于水中砾石上。

活动规律 单独或成对活动，尾常摆动。在岩石间快速移动。炫耀时停在空中振翼，尾扇开，作螺旋形飞回栖处。

食　性 主要以昆虫为食。

保护级别	无	生态类型	鸣禽
居留类型	留鸟	体　长	14 cm

◆袁倩敏 摄

白顶溪鸲

Chaimarrornis leucocephalus

目	雀形目 PASSERIFORMES
科	鸫科 Turdidae

外观特征 体型较大的黑色及栗色溪鸲。头顶及颈背白色，腰、尾基部及腹部栗色。雄雌同色。亚成鸟体色色暗而近褐色，头顶具黑色鳞状斑纹。

栖息环境 栖息于森林中溪流边的岩石上。

活动规律 常单独或成对活动，立于岩石上。

食　　性 主要以水生昆虫为食。

保护级别	无	生态类型	鸣禽
居留类型	冬候鸟	体　长	19 cm

雀形目　鸫科

150

◆袁倩敏 摄

白尾地鸲

Cinclidium leucurum

目	雀形目 PASSERIFORMES
科	鸫科 Turdidae
俗名	白尾蓝鸲、白尾燕鸥鸲、白尾蓝欧鸲、白尾斑地鸲

外观特征 雄鸟全身近黑色，仅尾基部具白色闪辉，前额钴蓝色，喉及胸深蓝色，颈侧及胸部的白色点斑常隐而不露。雌鸟褐色，喉基部具偏白色横带，尾具白色闪辉。亚成鸟似雌鸟，但多具棕色纵纹。

栖息环境 地栖性，主要栖息于林下灌丛和地上。

活动规律 常单独或成对活动。性隐蔽，常在林下灌木低枝上跳来跳去，有时亦站在开阔地区的小树或电线杆上，并不停地摆动着尾，当发现地上或空中有昆虫活动时，则立刻飞去捕食。飞行时尾常常张开。繁殖期间鸣声清脆、洪亮悦耳。

食　性 主要以昆虫为食。

| 保护级别 | 无 | 生态类型 | 鸣禽 |
| 居留类型 | 留鸟 | 体　长 | 19 cm |

小燕尾
Enicurus scouleri

目	雀形目 PASSERIFORMES
科	鸫科 Turdidae
俗名	小剪尾、点水鸦雀

外观特征 额部、头顶前部、腰和尾上覆羽为白色，腰部白色间横贯一道黑色斑，上体余部黑色，两翅黑褐色，大覆羽先端及次级飞羽基部白色，形成一道明显的白色翼斑，内侧飞羽外翈具窄的白缘，中央尾羽先端黑褐色，基部白色，外侧尾羽的黑褐色逐渐缩小，而白色逐渐扩大，至最外侧一对尾羽几乎全为白色，下体余部白色，两胁略沾黑褐色。

栖息环境 栖息于林中多岩石的湍急溪流，尤其是瀑布周围。

活动规律 常成对或单独活动。叫声单调似"吱—吱—吱"。

食　　性 主要以水生昆虫及其他昆虫幼虫为食。

保护级别	无	生态类型	鸣禽
居留类型	留鸟	体　长	13 cm

灰背燕尾
Enicurus schistaceus

目	雀形目 PASSERIFORMES
科	鸫科 Turdidae
俗名	中国灰背燕尾

外观特征　头顶及背灰色，喉部以下身体全白色，翼上有小块白色点斑。

栖息环境　栖息于海拔 400~1 800 m 的山林溪流。

活动规律　常立于林间多砾石的溪流旁。

食　　性　主要以水生昆虫及其他昆虫幼虫为食。

保护级别	无	生态类型	鸣禽
居留类型	留鸟	体　长	23 cm

153

白额燕尾

Enicurus leschenaulti

目	雀形目 PASSERIFORMES
科	鸫科 Turdidae
俗名	白冠燕尾

外观特征　通体黑白相杂，额和头顶前部白色，其余头、颈、背、颏、喉黑色。腰和腹白色，两翅黑褐色并具白色翅斑。尾黑色具白色端斑，由于尾羽长短不一，中央尾羽最短，往外依次变长，呈深叉状，因而使整个尾部呈黑白相间状，极为醒目。

栖息环境　栖息于山涧溪流与河谷沿岸。

活动规律　常单独或成对活动。性胆怯，平时多停息在水边或水中石头上，或在浅水中觅食。

食　　性　主要以水生昆虫及其他昆虫幼虫为食。

保护级别	无	生态类型	鸣禽
居留类型	留鸟	体　长	25 cm

雀形目　鸫科

154

斑背燕尾

Enicurus maculatus

目	雀形目 PASSERIFORMES
科	鸫科 Turdidae
俗名	东方花尾燕

外观特征 整体似白额燕尾，但背上具圆形白色点斑而有别于其他燕尾。

栖息环境 较其他燕尾更喜山区，常见于多岩石的小溪流。

活动规律 多成对活动。

食　　性 主要以水生昆虫及其他昆虫幼虫为食。

保护级别	无	生态类型	鸣禽
居留类型	留鸟	体　长	约 27 cm

雀形目　鸫科

黑喉石䳭

Saxicola torquata

目	雀形目 PASSERIFORMES
科	鸫科 Turdidae
俗名	谷尾鸟、石栖鸟、野翁

外观特征 雄鸟头部及飞羽黑色，背深褐色，颈及翼上具粗大的白色斑，腰白色，胸棕色。雌鸟色较暗而无黑色，下体皮黄色，仅翼上具白色斑。

栖息环境 栖息于低山、丘陵、平原、草地、沼泽、花园、农田及次生灌丛等。

活动规律 喜开阔的栖息生境，常停栖于突出的低树枝以跃下地面捕食猎物。

食　　性 主要以昆虫为食。

保护级别	三有物种	生态类型	鸣禽
居留类型	冬候鸟	体　长	约 14 cm

灰林鹠

Saxicola ferreus

目 雀形目 PASSERIFORMES

科 鸫科 Turdidae

外观特征 雄鸟上体具灰色斑驳，醒目的白色眉纹、黑色脸罩与白色的颏及喉成对比，下体近白色，烟灰色胸带及至两胁，翼及尾黑色，飞羽及外侧尾羽羽缘灰色，内覆羽白色（飞行时可见），停息时背羽有褐色缘饰，旧羽灰色重。雌鸟似雄鸟，但褐色取代灰色，腰栗褐色。

栖息环境 栖息于开阔灌丛及耕地。

活动规律 常单独或成对活动，在同一地点长时间停栖，有时亦集成 3~5 只的小群。

食 性 主要以昆虫为食。

保护级别	无	生态类型	鸣禽
居留类型	留鸟	体 长	约 15 cm

◆徐向龙 摄

栗腹矶鸫

Monticola rufiventris

目	雀形目 PASSERIFORMES
科	鸫科 Turdidae
俗名	栗色胸石鸫、栗胸矶鸫

外观特征 雄鸟繁殖期间脸部有黑色斑，上身蓝灰色，翼和尾羽黑褐色，颏、喉蓝灰色，胸部以下鲜亮栗色。雌鸟褐色，肩、背具暗色鱼鳞斑，下身皮黄色且满布深褐色扇贝形斑纹，深色耳羽后带有浅皮黄色月牙形斑。

栖息环境 繁殖于海拔 1 000~3 000 m 的森林，越冬在低海拔开阔而多岩石的山坡林地。

| 保护级别 | 无 | 生态类型 | 鸣禽 |
| 居留类型 | 留鸟 | 体　长 | 约24 cm |

活动规律 直立而栖，尾缓慢地上下弹动，有时面对树枝，尾上举。

食　性 主要以甲虫、毛虫等为食。

雀形目　鸫科

◇袁倩敏 摄

蓝矶鸫

Monticola solitarius

目	雀形目 PASSERIFORMES
科	鸫科 Turdidae
俗名	麻石青、水嘴

外观特征　雄鸟暗蓝灰色，具淡黑色及近白色的鳞状斑纹。腹部及尾下深栗色。雌鸟上体灰色中沾蓝色，下体皮黄色而密布黑色鳞状斑纹。

保护级别	无	生态类型	鸣禽
居留类型	留鸟、冬候鸟	体　长	约23 cm

栖息环境　栖息于多岩石地区。

活动规律　单独或成对活动。多在地上觅食，常从栖息的高处直落地面捕猎，或突然飞出捕食空中活动的昆虫，然后飞回原栖息处。繁殖期间雄鸟站在突出的岩石顶端或小树枝头长时间地高声鸣叫，昂首翘尾，鸣声多变，清脆悦耳，也能模仿其他鸟鸣。

食　性　主要以昆虫、蜘蛛为食。

紫啸鸫

Myophonus caeruleus

目	雀形目 PASSERIFORMES
科	鸫科 Turdidae
俗名	鸣鸡、乌精

外观特征　通体蓝黑色，仅翼覆羽有少量浅色点斑，翼及尾沾紫色闪辉，头及颈部的羽尖具闪光小羽片，尾羽常张开呈扇形。

栖息环境　栖息于临近河流、山溪或密林中的多岩石露出处。

活动规律　受惊时慌忙逃至植被覆盖下，并发出尖厉的警叫声。常于地面取食。

食　　性　主要以小蟹、昆虫、浆果等为食。

保护级别	无	生态类型	鸣禽
居留类型	夏候鸟	体　长	28~32 cm

橙头地鸫

Zoothera citrina

目	雀形目 PASSERIFORMES
科	鸫科 Turdidae
俗名	黑耳地鸫

外观特征 雄鸟头、颈、背及下体深橙褐色，臀白色，上体蓝灰色，翼具白色横纹。雌鸟上体橄榄灰色。

栖息环境 栖息于林区。

活动规律 性羞怯，喜多阴森林，常躲藏在浓密植被覆盖下的地面。从树上栖处鸣叫。

食　性 主要以昆虫为食。

| 保护级别 | 无 | 生态类型 | 鸣禽 |
| 居留类型 | 旅鸟 | 体　长 | 约22 cm |

◆薄顺奇　摄

虎斑地鸫

Zoothera dauma

目	雀形目 PASSERIFORMES
科	鸫科 Turdidae
俗名	虎鸫、顿鸫、虎斑山鸫

外观特征　上身褐色且满布鱼鳞状斑，下身近白色，翼黑褐色。

栖息环境　栖息于茂密森林林下灌丛。

活动规律　地栖性，常单独或成对活动，多在林下灌丛中或地上觅食。性胆怯，见人即飞。

食　　性　主要以昆虫及其他无脊椎动物为食，也食浆果。

保护级别	三有物种	生态类型	鸣禽
居留类型	冬候鸟	体　长	28 cm

◆陈什旺　摄

灰背鸫

Turdus hortulorum

目	雀形目 PASSERIFORMES
科	鸫科 Turdidae

外观特征 雄鸟上体全灰色，喉灰色或偏白色，胸灰色，腹中心及尾下覆羽白色，两胁及翼下橘黄色。雌鸟上体褐色较重，喉及胸白色，胸侧及两胁具黑色点斑。

栖息环境 栖息于阔叶林和针阔叶混交林中。在林地及公园的腐叶间活动。

活动规律 常单独或成对活动，惧生。春秋迁徙季节亦集成几只或十多只的小群，有时亦见和其他鸫类结成松散的混合群。繁殖期间极善鸣叫。

食　　性 主要以昆虫、蜗牛等为食。

保护级别	三有物种	生态类型	鸣禽
居留类型	冬候鸟	体　长	20~24 cm

乌鸫

Turdus merula

目	雀形目 PASSERIFORMES
科	鸫科 Turdidae
俗名	黑鸫、黑鸟、黑山雀、百舌、反舌、中国黑鸫、乌鸫

外观特征 雄鸟全身黑色，嘴橘黄色，眼圈淡黄色，脚黑色。雌鸟上身黑褐色，喉、胸至腹部有暗色纵纹，下身深褐色，嘴黄绿色，脚黑色。

栖息环境 栖息于不同类型的森林中。常见于郊野、村庄及公园。

活动规律 雄鸟向雌鸟求爱时，尽量显示自己的特殊本领。它围绕着雌鸟进行精彩的飞行表演或打转转，取得雌鸟的垂青，然后进行交配。于地面取食，静静地在树叶中翻找食物。

食　　性 主要以无脊椎动物、蠕虫为食，冬季也食植物果实。

保护级别	无	生态类型	鸣禽
居留类型	留鸟	体　长	29 cm

白眉鸫

Turdus obscurus

外观特征 白色过眼纹明显，上体橄榄褐色，头深灰色，眉纹白色，胸带褐色，腹白色而两侧沾赤褐色。

栖息环境 栖息于针阔叶混交林、针叶林，以河谷等水域附近茂密的低矮混交林较常见。

活动规律 性活泼喧闹，甚温驯而好奇。

食　性 主要以昆虫为食。

保护级别	无	生态类型	鸣禽
居留类型	冬候鸟	体　长	约23 cm

斑鸫

Turdus eunomus

目	雀形目 PASSERIFORMES
科	鸫科 Turdidae
俗名	穿草鸡、斑点鸫

外观特征 上体橄榄褐色，具粗白色眉纹，颏、喉白色，颈侧至上胸具黑色斑点，两翼红褐色而飞羽黑褐色，下体白色，密布黑色鳞状斑，腹部白色，尾羽黑褐色。

栖息环境 栖息于开阔的多草地带及田野。

活动规律 本物种常结成小群活动，冬季成大群活动。

食　　性 主要以昆虫为食。

保护级别	三有物种	生态类型	鸣禽
居留类型	冬候鸟	体　长	21 cm

雀形目　鸫科

166

小知识

　　白喉林鹟是中国华东地区亚热带森林的特有夏候鸟，因该地区中低海拔森林植被遭到严重破坏，导致其种群数量十分稀少，因此已被有关国际保护组织列为受胁物种。

白喉林鹟

Rhinomyias brunneatus

目	雀形目 PASSERIFORMES	
科	鹟科　Muscicapidae	
俗名	褐胸林鹟	

外观特征　胸带浅褐色，颈近白色而略具深色鳞状斑纹，下颚色浅。亚成鸟上体皮黄色而具鳞状斑纹，下颚尖端黑色，看似翼短而嘴长。

栖息环境　栖息于茂密竹丛、次生林及人工林。

活动规律　冬季南迁至马来半岛及尼科巴群岛。

食　　性　主要以昆虫为食。

保护级别	三有物种	生态类型	鸣禽
居留类型	夏候鸟	体　长	15 cm

雀形目　鹟科

167

灰纹鹟

Muscicapa griseisticta

目	雀形目 PASSERIFORMES
科	鹟科　Muscicapidae
俗名	灰斑鹟、斑胸鹟

外观特征　眼圈白色，下体白色，胸及两胁满布深灰色纵纹，额具一狭窄的白色横带，并具狭窄的白色翼斑，翼长，几至尾端。较乌鹟而无半颈环，较斑鹟体小且胸部多纵纹。

栖息环境　栖息于密林、开阔森林及林缘，甚至在城市公园的溪流附近。

活动规律　性惧生。繁殖于中国东北部的落叶林，但迁徙经华东、华中、华南及我国台湾。

食　　性　主要以昆虫为食。

保护级别	三有物种	生态类型	鸣禽
居留类型	旅鸟	体　长	14 cm

乌鹟

Muscicapa sibirica

| 目 | 雀形目 PASSERIFORMES |
| 科 | 鹟科　Muscicapidae |

外观特征　上体深灰色，翼上具不明显皮黄色斑纹，下体白色，两胁深色并具烟灰色杂斑，上胸具灰褐色模糊带斑，白色眼圈明显，喉白色，通常具白色的半颈环，下脸颊具黑色细纹，翼长至尾的 2/3。

栖息环境　栖息于山区或山麓森林的林下植被层及林间。

活动规律　日出后活动最盛，常停留在突出的干树枝上，飞捕空中过往的小昆虫。

食　　性　主要以昆虫为食。

| 保护级别 | 三有物种 | 生态类型 | 鸣禽 |
| 居留类型 | 旅鸟、冬候鸟 | 体　长 | 13 cm |

小知识

北灰鹟从栖息处外出捕食昆虫，返回至栖处后，尾部作独特的颤动。

北灰鹟

Muscicapa dauurica

目	雀形目 PASSERIFORMES
科	鹟科 Muscicapidae
俗名	大眼嘴儿、褐鹟、灰砂来、宽嘴鹟、阔嘴鹟、小斑鹟

外观特征 上体灰褐色，下体偏白色，胸侧及两胁褐灰色，眼圈白色，冬季眼先偏白色，翼尖至尾部的 1/2 处。

栖息环境 栖息于山脚和平原地带的阔叶林、次生林和灌丛中。

活动规律 常单独活动，不易看见，活动隐蔽。

食　　性 主要以昆虫为食。

保护级别	三有物种	生态类型	鸣禽
居留类型	冬候鸟	体　长	13 cm

雀形目
鹟科

170

白眉姬鶲

Ficedula zanthopygia

目	雀形目 PASSERIFORMES
科	鶲科 Muscicapidae
俗名	花头黄、黄鶲、三色鶲

外观特征 雄鸟腰、喉、胸及上腹黄色，下腹、尾下覆羽白色，其余黑色，仅眉线及翼斑白色。雌鸟上体暗褐色，下体色较淡，腰暗黄色。

栖息环境 栖息于灌丛及近水林地。

活动规律 常单独或成对活动。多在树冠下层低枝处活动和觅食，也常飞到空中捕食飞行性昆虫，捉到昆虫后又落于较高的枝头上。有时也在林下幼树和灌木上活动和觅食。

食 性 主要以天牛、叩头虫、瓢虫、象甲、金花虫等鞘翅目昆虫，以及鳞翅目幼虫为食，幼鸟几乎全部以昆虫幼虫为食。

保护级别	三有物种	生态类型	鸣禽
居留类型	旅鸟	体　长	13 cm

黄眉姬鹟

Ficedula narcissina

目	雀形目 PASSERIFORMES
科	鹟科 Muscicapidae
俗名	黑背黄眉鹟

外观特征 雄鸟上体黑色，腰黄色，翼具白色块斑，以黄色的眉纹为特征，下体多为橘黄色。雌鸟上体橄榄灰色，尾棕色，下体浅褐色沾黄色。

栖息环境 栖息于林缘次生林、灌丛与小树丛中。

活动规律 常单独或成对活动。于树冠层捕食昆虫。

食　性 主要以昆虫为食。

保护级别	三有物种	生态类型	鸣禽
居留类型	旅鸟	体　长	13 cm

雀形目　鹟科

172

鸲姬鹟

Ficedula mugimaki

目	雀形目 PASSERIFORMES
科	鹟科　Muscicapidae

外观特征　雄鸟上体近黑色，眼后上方有白色斑，翼斑白色，喉及胸橙黄色，腹部以下白色。雌鸟上体暗灰色，喉及胸棕黄色，腹部以下白色。

栖息环境　栖息于林缘地带、林间空地及山区森林。

活动规律　常单独或成对活动，性活跃。

食　　性　主要以昆虫为食。

保护级别	三有物种	生态类型	鸣禽
居留类型	旅鸟、冬候鸟	体　长	13 cm

雀形目　鹟科

173

红喉姬鹟

Ficedula albicilla

目	雀形目 PASSERIFORMES
科	鹟科　Muscicapidae
俗名	白点颏、黄点颏、红胸鹟

外观特征　体羽褐色，尾色暗，基部外侧明显白色。繁殖期雄鸟胸红色中沾灰色，但冬季难见。雌鸟及非繁殖期雄鸟暗灰褐色，喉近白色，眼圈狭窄白色。尾及尾上覆羽黑色区别于北灰鹟。

栖息环境　栖息于林缘及河流两岸的较小树上。

活动规律　常单独或成对活动，性活跃。

食　　性　主要以叶甲、金龟子等昆虫为食。

保护级别	三有物种	生态类型	鸣禽
居留类型	冬候鸟、旅鸟	体　长	13 cm

白腹蓝姬鹟

Cyanoptila cyanomelana

目	雀形目 PASSERIFORMES
科	鹟科 Muscicapidae
俗名	琉璃鸟、山竹鸟、蓝燕

外观特征 雄鸟特征为脸、喉及上胸近黑色，上体闪光钴蓝色，下胸、腹及尾下的覆羽白色，外侧尾羽基部白色，深色的胸与白色腹部截然分开。雌鸟上体灰褐色，两翼及尾褐色，喉中心及腹部白色。

栖息环境 栖息于针阔混交林或多林地带。

活动规律 在高林层取食。

食　　性 主要以昆虫为食。

保护级别	无	生态类型	鸣禽
居留类型	旅鸟	体　长	17 cm

175

◆徐向龙 摄

铜蓝鹟

Eumyias thalassinus

目	雀形目 PASSERIFORMES
科	鹟科 Muscicapidae

外观特征 雄鸟通体为鲜艳的铜蓝色，眼先黑色，尾下覆羽具白色端斑。雌鸟和雄鸟大致相似，但不如雄鸟羽色鲜艳，下体灰蓝色，颏近灰白色。亚成鸟灰褐色中沾绿色，具皮黄色及近黑色的鳞状纹及点斑。

栖息环境 栖息于阔叶林和针阔叶混交林中。

活动规律 常单独或成对活动，多在高大乔木冠层活动，也到林下灌木和小树上活动，但很少下到地上。性大胆，不甚怕人，频繁地飞到空中捕食飞行性昆虫，也能像山雀一样在枝叶间觅食。鸣声悦耳，早晨和黄昏鸣叫不息。

食　性 主要以空中飞行昆虫为食。

保护级别	无	生态类型	鸣禽
居留类型	冬候鸟、夏候鸟	体　长	17 cm

◆张春兰 摄

◇袁倩敏 摄

雀形目 鹟科

小仙鹟

Niltava macgrigoriae

| 目 | 雀形目 PASSERIFORMES |
| 科 | 鹟科 Muscicapidae |

外观特征 雄鸟深蓝色，脸侧及喉黑色，臀白色，前额、颈侧及腰为闪辉蓝色。雌鸟褐色，翼及尾棕色，颈侧具闪耀蓝色斑块，喉皮黄色，项纹浅皮黄色。

栖息环境 栖息于森林林下的茂密灌丛。

活动规律 常单独或成对活动，多活动于林下灌丛和山边疏林中。性活泼，频繁地在树枝间飞来飞去，在清晨和黄昏最为活跃。

食　性 主要以昆虫为食。

| 保护级别 | 无 | 生态类型 | 鸣禽 |
| 居留类型 | 冬候鸟、夏候鸟、留鸟 | 体　长 | 14 cm |

◆陈什旺 摄

雀形目 鹟科

177

◇袁倩敏 摄

海南蓝仙鹟

Cyornis hainanus

目	雀形目 PASSERIFORMES
科	鹟科 Muscicapidae
俗名	海南蓝仙鹟

外观特征 雄鸟暗蓝色，褪至下体的白色，额及肩部色较鲜亮。亚成鸟雄鸟喉近白色。雌鸟上体褐色，腰、尾及次级飞羽沾棕色，眼先及眼圈皮黄色，下体胸部皮黄色渐变至腹部及尾下的白色。

栖息环境 栖息于低地常绿林的中高层。

活动规律 常单独或成对活动，偶尔见3~5只在一起活动和觅食，频繁地穿梭于树枝和灌丛间。

食　性 主要以昆虫为食。

保护级别	无	生态类型	鸣禽
居留类型	夏候鸟	体　长	15 cm

◇袁倩敏 摄

雀形目 鹟科

178

寿带

Terpsiphone paradisi

目	雀形目 PASSERIFORMES
科	王鹟科 Monarchinae
俗名	长尾鹟、练鹊、三光鸟、赭练鹊

外观特征　雄鸟易辨,一对中央尾羽在尾后特形延
长,可达 20~30 cm。雄鸟具两种色型,均不同于紫
寿带:上体赤褐色或偏白色,下体近灰色。雌鸟棕
褐色,头闪辉黑色,但尾羽无延长。

栖息环境　栖息于林缘疏林和竹林,尤其喜欢沟谷
和溪流附近的阔叶林。

活动规律　通常从森林较低层的栖处捕食。常与其
他种类混群。

食　　性　主要以昆虫为食。

保护级别	三有物种	生态类型	鸣禽
居留类型	夏候鸟、留鸟	体　长	22cm,雄鸟尾长增加 20~30cm

黑脸噪鹛

Garrulax perspicillatus

外观特征　额及眼罩黑色，犹如戴了一副黑色眼镜，极为醒目，上体暗褐色，下体偏灰色，腹部近白色，尾下覆羽黄褐色。

栖息环境　栖息于浓密灌丛、竹丛、芦苇地、田地及城镇公园。

活动规律　常成对或成小群活动，特别是秋冬季集群较大，可达 10~20 只，有时和白颊噪鹛混群。性喧闹。

食　　性　主要以昆虫、植物为食。

保护级别	三有物种	生态类型	鸣禽
居留类型	留鸟	体　长	30 cm

雀形目　画眉科

小黑领噪鹛

Garrulax monileger

目 雀形目 PASSERIFORMES	
科 画眉科 Timaliidae	

外观特征 上体棕橄榄褐色，后颈有一宽的橙棕色领环，一条细长的白色眉纹在黑色贯眼纹衬托下极为醒目，眼先黑色，耳羽灰白色，下体几全为白色，横贯一条黑色项纹。

栖息环境 栖息于低山丘陵、林缘灌丛中。

活动规律 喜成群，多在林下地上草丛和灌丛中活动和觅食，见人立刻潜入密林深处，不易看见，有时也见一只接一只地鱼贯飞行穿越林间空地，飞行迟缓、笨拙，一般不做长距离飞行。

食　　性 主要以昆虫为食，也食植物果实和种子。

保护级别	三有物种	生态类型	鸣禽
居留类型	留鸟	体　长	28cm

雀形目　画眉科

181

黑领噪鹛

Garrulax pectoralis

目	雀形目 PASSERIFORMES
科	画眉科 Timaliidae
俗名	领笑鸫

外观特征　上体棕褐色，眉纹、颊、喉白色，耳羽黑色，有黑色颊纹及胸带，下体棕白色。头胸部具复杂的黑白色图纹，似小黑领噪鹛，但区别主要在眼先浅色，且初级覆羽色深而与翼余部成对比。

栖息环境　栖息于低山丘陵、林缘灌丛中。

活动规律　与其他噪鹛包括相似的小黑领噪鹛混群活动。炫耀表演时并足跳动，头点动，两翼展开同时鸣叫，作长距离的滑翔。

食　性　主要以昆虫为食，也食少量植物种子和果实。

保护级别	三有物种	生态类型	鸣禽
居留类型	留鸟	体　长	30 cm

褐胸噪鹛

Garrulax maesi

目	雀形目 PASSERIFORMES
科	画眉科 Timaliidae
俗名	红耳笑鸫

外观特征 虹膜褐色，嘴黑色，脚深褐色。似黑喉噪鹛，但耳羽浅灰色，其上方及后方均具白色边。与白颈噪鹛的区别在灰色较重。

栖息环境 栖息于山区常绿林的林下密丛。

活动规律 惧生。

保护级别	三有物种	生态类型	鸣禽
居留类型	留鸟	体 长	27 cm

食 性 主要以昆虫为食。

◆陈什旺 摄

黑喉噪鹛

Garrulax chinensis

目	雀形目 PASSERIFORMES
科	画眉科 Timaliidae

外观特征 头侧及喉黑色，腹部及尾下覆羽橄榄灰色，蓬松的黑色前后具白色边缘。内陆型亚种的脸颊白色，但海南亚种颈后及颈侧棕褐色。初级飞羽羽缘色浅。

栖息环境 栖息于竹林密丛及半常绿林中的浓密灌丛。

活动规律 常呈数只或十多只的小群活动，偶尔也

保护级别	三有物种	生态类型	鸣禽
居留类型	留鸟	体 长	23 cm

见有单独和成对活动的。

食 性 主要以蚂蚁、椿象、象甲、步行虫等昆虫为食，也食部分植物果实和种子。

◇陈什旺 摄

灰翅噪鹛

Garrulax cineraceus

目 雀形目 PASSERIFORMES

科 画眉科 Timaliidae

外观特征 头顶、颈背、眼后纹、髭纹及颈侧细纹黑色。初级覆羽黑色，初级飞羽羽缘灰色。三级飞羽、次级飞羽及尾羽羽端黑色而具白色月牙形斑。与白颊噪鹛的区别在尾部及翼上图纹。

栖息环境 栖息于常绿阔叶林、落叶阔叶林、针阔叶混交林、竹林和灌木林等各类林中。

活动规律 常成对或成 3~5 只的小群，一般活动在林下灌丛和竹丛间，有时也在林下地上落叶层上活动和觅食。

食　性 主要以昆虫为食。也食甲壳动物、多足纲动物，以及植物果实、种子和草籽等。

保护级别	三有物种	生态类型	鸣禽
居留类型	留鸟	体　长	22 cm

雀形目｜画眉科

185

棕噪鹛

Garrulax poecilorhynchus

目　雀形目 PASSERIFORMES

科　画眉科 Timaliidae

外观特征　眼周蓝色裸露皮肤明显，头、胸、背、两翼及尾橄榄栗褐色，顶冠略具黑色的鳞状斑纹，腹部及初级飞羽羽缘灰色，臀白色。

栖息环境　栖息于低山丘陵、林缘灌丛中。

活动规律　惧生，不喜开阔地区，常单独或成小群活动。善隐藏，多活动在林下灌丛间地上，很少到森林中上层活动，因而不易见到。该鸟善鸣叫，又喜成群，因而显得较嘈杂，常常闻其声而难觅其影。

食　　性　杂食性，主要以昆虫为食，也食植物果实和种子。

保护级别	三有物种	生态类型	鸣禽
居留类型	留鸟	体　长	28 cm

雀形目｜画眉科

小知识

画眉是广州市的市鸟。画眉眼圈为白色，其上缘白色向后延伸成一窄线直至颈侧，状如眉纹，故得名。画眉雄鸟特别擅长引吭高歌，尤其喜在清晨和傍晚鸣叫，因此有人称之为"林中歌手"或"鸟类歌唱家"。此外，画眉特别善于打斗，打起架来抓、爬、滚、啄、插"五艺"俱全，毫不示弱，因此被誉为"英雄鸟"。

画眉

Garrulax canorus

目	雀形目 PASSERIFORMES
科	画眉科 Timaliidae
俗名	金画眉、虎鹑

外观特征 体型略小的棕褐色鹛，特征为白色的眼圈在眼后延伸成狭窄的眉纹，顶冠及颈背有偏黑色纵纹，嘴、脚偏黄色。

栖息环境 栖息于低山丘陵、林缘灌丛中。

活动规律 不善作远距离飞翔。成对或结小群活动。善鸣叫，深受爱鸟者喜爱。

食　　性 主要以昆虫为食，也食少量种子和果实。

保护级别	CITES Ⅱ、三有物种	生态类型	鸣禽
居留类型	留鸟	体　长	22 cm

白颊噪鹛

Garrulax sannio

目	雀形目 PASSERIFORMES
科	画眉科 Timaliidae
俗名	白眉噪鹛、土画眉、小噪鹛

外观特征 尾下覆羽棕色，花脸，黄白色的脸部图纹由眉纹和眼后纹隔开所形成。

栖息环境 栖息于浓密灌丛、竹丛、芦苇地、田地及城镇公园。

活动规律 除繁殖期成对活动外，其他季节多成群活动，集群个体 10~20 只，有时也见与黑脸噪鹛混群，多在森林中下层和地上活动和觅食。善鸣叫，叫声响亮而急促。

食　性 主要以昆虫及其幼虫为食，也食植物果实和种子。

保护级别	三有物种	生态类型	鸣禽
居留类型	留鸟	体　长	25 cm

雀形目　画眉科

188

红尾噪鹛

Garrulax milnei

外观特征　两翼及尾绯红色，似丽色噪鹛，但区别为顶冠及颈背棕色，背及胸具灰色或橄榄色鳞斑，耳羽浅灰色。诸亚种在背及耳羽的色彩上略有差异。

栖息环境　栖息于低地林和疏灌丛。

活动规律　性喧闹活跃，常与其他噪鹛混群。

食　　性　主要以昆虫及植物果实与种子为食。

保护级别	三有物种	生态类型	鸣禽
居留类型	留鸟	体　长	25 cm

斑胸钩嘴鹛

Pomatorhinus erythrocnemis

目 雀形目 PASSERIFORMES

科 画眉科 Timaliidae

外观特征 无浅色眉纹，脸颊棕色，甚似锈脸钩嘴鹛，但胸部具浓密的黑色点斑或纵纹。诸亚种细节上有别。

栖息环境 栖息于林下灌丛、棘丛及林缘地带。

活动规律 双重唱，雄鸟发出响亮的叫声，雌鸟立即回以叫声。典型的灌丛钩嘴鹛。

食　　性 主要以昆虫及植物果实与种子为食。

保护级别	无	生态类型	鸣禽
居留类型	留鸟	体　长	24 cm

雀形目　画眉科

棕颈钩嘴鹛

Pomatorhinus ruficollis

目	雀形目 PASSERIFORMES
科	画眉科 Timaliidae

外观特征　颈圈栗色，长眉纹白色，眼先黑色，喉白色，胸部有纵纹。

栖息环境　栖息于森林地带，如茂密的原始林、开阔的次生林及灌丛等。

活动规律　常单独、成对或成小群活动。性活泼，胆怯畏人，常在茂密的树丛或灌丛间疾速穿梭或跳来跳去，一遇惊扰，立刻藏匿于丛林深处，或由一树丛飞向另一树丛，每次飞行距离很短。有时也见与雀鹛等其他鸟类混群活动。

食　　性　主要以昆虫为食，也食植物果实与种子。

保护级别	无	生态类型	鸣禽
居留类型	留鸟	体　长	19 cm

雀形目　画眉科

191

◆陈什旺　摄

小鳞胸鹪鹛

Pnoepyga pusilla

目	雀形目 PASSERIFORMES
科	画眉科 Timaliidae

外观特征　体型圆润，上体暗褐色，下体棕黄色，全身密布鳞片状黑褐色斑纹，有浅色及茶黄色两色型，几乎无尾但具醒目的扇贝形斑纹。

栖息环境　栖息于近水处阴暗潮湿的林下灌丛、草丛中。

活动规律　在森林地面急速奔跑，形似老鼠。除鸣

保护级别	无	生态类型	鸣禽
居留类型	留鸟	体　长	9 cm

叫外，多惧生隐蔽。

食　性　主要以昆虫为食，也食少量植物种子和果实。

雀形目｜画眉科

◇陈什旺　摄

红头穗鹛

Stachyris ruficeps

目	雀形目 PASSERIFORMES
科	画眉科 Timaliidae
俗名	红顶穗鹛

外观特征 顶冠棕色，上体暗灰橄榄色，眼先暗黄色，喉、胸及头侧沾黄色，下体黄橄榄色，喉部具黑色细纹。

栖息环境 栖息于森林、灌丛及竹丛中。

活动规律 常单独或成对活动，有时也见成小群或与棕颈钩嘴鹛及其他鸟类混群活动，在林下或林缘灌丛枝叶间飞来飞去或跳上跳下。

食 性 主要以昆虫为食。

保护级别	无	生态类型	鸣禽
居留类型	留鸟	体 长	12.5 cm

矛纹草鹛

Babax lanceolatus

目	雀形目 PASSERIFORMES
科	画眉科 Timaliidae

外观特征　看似纵纹密布的灰褐色噪鹛，甚长的尾上具狭窄的横斑，嘴略下弯，具特征性的深色髭纹。

栖息环境　栖息于开阔的山区森林及丘陵森林的灌丛、棘丛及林下植被。

活动规律　甚吵嚷，性甚隐蔽。结小群于地面活动和取食。

食　性　杂食性，主要以昆虫及植物叶、芽、种子为食。

保护级别	三有物种	生态类型	鸣禽
居留类型	留鸟	体　长	26 cm

小知识

　　红嘴相思鸟雌雄形影不离，一生厮守，被人们视为忠贞爱情的象征，和鸳鸯、黑颈天鹅、玻璃金刚鹦鹉、牡丹鹦鹉、冠鹤、大雁、杜鹃、喜鹊、欧亚鸲等鸟类为世界公认的"十大爱情鸟"。

红嘴相思鸟

Leiothrix lutea

目	雀形目 PASSERIFORMES
科	画眉科 Timaliidae
俗名	相思鸟、五彩相思鸟、红嘴鸟

外观特征　具显眼的红嘴，上体橄榄绿色，眼周有黄色块斑，下体橙黄色，尾近黑而略分叉，翼略黑色，红色和黄色的羽缘在歇息时成明显的翼纹。

栖息环境　栖息于低山丘陵及山脚平原地带的矮树丛及灌丛中。

活动规律　除繁殖期间成对或单独活动外，其他季节多成三五只或十余只的小群，有时亦与其他小鸟混群活动。性吵嚷。

食　　性　主要以昆虫为食，也食少量植物种子和果实。

保护级别	CITES Ⅱ、广东省重点保护物种、三有物种	生态类型	鸣禽
居留类型	留鸟	体　长	15 cm

红翅鸡鹛

Pteruthius flaviscapis

目	雀形目 PASSERIFORMES
科	画眉科 Timaliidae

外观特征　雄鸟头黑色，眉纹白色，上背及背灰色，尾黑色，两翼黑色，初级飞羽羽端白色，三级飞羽金黄色和橘黄色，下体灰白色。雌鸟色暗，下体皮黄色，头近灰色，翼上少鲜艳色彩。

栖息环境　栖息于阔叶树上的树枝间、灌丛间及灌木小枝的顶端。

保护级别	无	生态类型	鸣禽
居留类型	留鸟	体　长	17 cm

活动规律　成对或混群活动。在林冠层上下穿行捕食昆虫，在小树枝上侧身移动仔细地寻觅食物。

食　性　主要以昆虫为食。

雀形目　画眉科

196

金胸雀鹛

Alcippe chrysotis

| 目 | 雀形目 PASSERIFORMES |
| 科 | 画眉科 Timaliidae |

外观特征 色彩鲜艳的雀鹛。下体黄色，喉色深，头偏黑色，耳羽灰白色，白色的顶纹延伸至上背，上体橄榄灰色，两翼及尾近黑色，飞羽及尾羽有黄色羽缘，三级飞羽羽端白色。

栖息环境 栖息于灌丛及常绿林。

活动规律 典型的群栖性雀鹛。

| 保护级别 | 无 | 生态类型 | 鸣禽 |
| 居留类型 | 留鸟 | 体　长 | 11 cm |

食　性 主要以昆虫为食，也食植物果实、种子、叶、芽等。

雀形目 画眉科

褐头雀鹛

Alcippe cinereiceps

目	雀形目 PASSERIFORMES
科	画眉科 Timaliidae

外观特征 喉粉灰色而具暗黑色纵纹，胸中央白色，两侧粉褐色至栗色，初级飞羽羽缘白色、黑色而后棕色，形成多彩翼纹。与棕头雀鹛的区别在头侧近灰色，无眉纹及眼圈，喉及胸沾灰色，具黑、白色翼纹。

栖息环境 栖息于常绿林及落叶林的灌丛层及竹林。

保护级别	无	生态类型	鸣禽
居留类型	留鸟	体　长	12 cm

活动规律 喜群居，常与其他种类混群。

食　性 主要以昆虫为食。

褐顶雀鹛

Alcippe brunnea

外观特征　体羽褐色，顶冠棕褐色，似棕喉雀鹛，但无棕色项纹且前额黄褐色，下体皮黄色，与栗头雀鹛的区别在两翼纯褐色，与褐胁雀鹛的区别主要在无白色眉纹。

栖息环境　栖息于常绿林及落叶林的灌丛层。

活动规律　常单独活动，隐蔽但不惧人，性活泼却少鸣叫。

食　　性　主要以昆虫为食，也食植物果实、种子、叶、芽等。

保护级别	三有物种	生态类型	鸣禽
居留类型	留鸟	体　长	13 cm

199

灰眶雀鹛

Alcippe morrisonia

目	雀形目 PASSERIFORMES
科	画眉科 Timaliidae
俗名	白眼环眉、山白目眶

外观特征 上体褐色，头灰色，白色眼圈明显，下体灰皮黄色。与褐脸雀鹛的区别在下体偏白色，脸颊多灰色且眼圈白色。

栖息环境 栖息于常绿林及落叶林的灌丛层。

活动规律 喜群居，常与其他种类混群。

食　性 主要以昆虫为食，也食植物果实、种子、叶、芽等。

保护级别	无	生态类型	鸣禽
居留类型	留鸟	体　长	14 cm

栗耳凤鹛

Yuhina castaniceps

目	雀形目 PASSERIFORMES
科	画眉科 Timaliidae

外观特征 上体偏灰色，下体近白色，特征为栗色的脸颊延伸成后颈圈，具短羽冠，上体白色羽轴形成细小纵纹，尾深褐灰色，羽缘白色。

栖息环境 栖息于常绿林及落叶林。

活动规律 繁殖期成对活动，非繁殖期多成群，通常成10~20只的小群，有时甚至集成数十只甚至上百只的大群，活动在小乔木上或高的灌木顶枝上。群中个体常常保持很近的距离，或是在树枝叶间跳跃或是从一棵树飞向另一棵树，很少到林下地上和灌木低层。只有在危急时才降落在林下灌丛和草丛中逃走，一般较少飞翔。

食　性 主要以甲虫等昆虫为食，也食植物果实与种子。

保护级别	无	生态类型	鸣禽
居留类型	留鸟	体　长	13 cm

白腹凤鹛

Erpornis zantholeuca

目	雀形目 PASSERIFORMES
科	画眉科 Timaliida

外观特征 上体、两翼及尾部橄榄黄绿色，冠羽突显，头侧及下体灰白色，尾下覆羽黄色。

栖息环境 栖息于低山丘陵与河谷地带的常绿阔叶林与次生林中。

活动规律 群栖活动，在中至高层取食，常与莺类

保护级别	无		生态类型	鸣禽
居留类型	留鸟		体 长	13 cm

及其他种类混群。

食 性 主要以昆虫为食，也食少量植物种子和果实。

雀形目 画眉科

◆何屹 摄

点胸鸦雀

Paradoxornis guttaticollis

目	雀形目 PASSERIFORMES
科	鸦雀科 Paradoxornithidae
俗名	斑喉鸦雀

外观特征 体大而有特色的鸦雀。特征为胸上具深色的倒 V 形细纹。头顶及颈背赤褐色，耳羽后端有显眼的黑色块斑，上体余部暗红褐色，下体皮黄色。

栖息环境 栖息于灌丛、次生植被及高草丛。

活动规律 常结小群活动。

保护级别	三有物种	生态类型	鸣禽
居留类型	留鸟	体　长	18 cm

食　性 主要以昆虫为食。

◇何屹 摄

雀形目　鸦雀科

棕头鸦雀

Paradoxornis webbianus

目	雀形目 PASSERIFORMES
科	鸦雀科 Paradoxornithidae
俗名	红头仔

外观特征 体型纤小的粉褐色鸦雀。嘴小似山雀，头顶及两翼栗褐色，喉略具细纹，虹膜褐色，眼圈不明显，有些亚种翼缘棕色。

栖息环境 栖息于林下植被及低矮树丛。

活动规律 常成对或结小群活动。性活泼而大胆。

食　　性 主要以鞘翅目和鳞翅目昆虫为食。

保护级别	无	生态类型	鸣禽
居留类型	留鸟	体　长	12 cm

金色鸦雀

Paradoxornis verreauxi

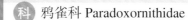

目	雀形目 PASSERIFORMES
科	鸦雀科 Paradoxornithidae
俗名	斑喉鸦雀

外观特征 虹膜深褐色，上嘴灰色，下嘴带粉色，脚带粉色。喉黑色，头顶、翼斑及尾羽羽缘橘黄色。

栖息环境 栖息于山区常绿林的竹林密丛。

活动规律 结小群活动。报警时发出吐气音的颤鸣，尖而高的颤音似橙额鸦雀。

保护级别	无	生态类型	鸣禽
居留类型	留鸟	体 长	11.5 cm

食 性 主要以昆虫为食。

◇陈什旺 摄

棕扇尾莺

Cisticola juncidis

目	雀形目 PASSERIFORMES
科	扇尾莺科 Cisticolidae
俗名	锦鸲

外观特征 体小而具褐色纵纹的莺。腰黄褐色，尾端白色清晰。与非繁殖期的金头扇尾莺区别在于白色眉纹较颈侧及颈背明显浅。

栖息环境 栖息于开阔草地、稻田及甘蔗地，一般较金头扇尾莺更喜湿润地区。

活动规律 求偶飞行时雄鸟在其配偶上空作振翼停空并盘旋鸣叫。非繁殖期惧生而不易见到。

食　　性 主要以昆虫为食，也食蜘蛛等其他小的无脊椎动物和杂草种子等。

保护级别	无	生态类型	鸣禽
居留类型	冬候鸟、留鸟	体　长	10 cm

◆薄顺奇 摄

金头扇尾莺

Cisticola exilis

目	雀形目 PASSERIFORMES
科	扇尾莺科 Cisticolidae

外观特征 嘴细长，略向下弯，翼短，体型娇小，尾长。繁殖期雄鸟顶冠亮金色，腰褐色。雌鸟及非繁殖期雄鸟头顶密布黑色细纹，与棕扇尾莺的区别在于眉纹淡皮黄色而与颈侧及颈背同色。

栖息环境 栖息于农田、开阔草地及灌丛中。

活动规律 常单独或成对活动，有时也见成小群，特别是冬季。春夏繁殖季节中，雄鸟常停栖于居所环境中较高的草茎枝条上大声鸣唱。秋冬季则少有鸣叫，而且常隐于草丛中，不易发现。

食 性 主要以蚂蚁等小型昆虫为主食，偶尔也食杂草种子。

保护级别	无	生态类型	鸣禽
居留类型	留鸟	体 长	11 cm

◆薄顺奇 摄

雀形目 扇尾莺科

207

山鹪莺

Prinia crinigera

外观特征　形长的凸形尾，上体灰褐并具黑色及深褐色纵纹，下体偏白色，两胁、胸及尾下覆羽沾茶黄色，胸部黑色纵纹明显。非繁殖期褐色较重，胸部黑色较少，顶冠具皮黄色和黑色细纹。与非繁殖期的褐山鹪莺相似，但胸侧无黑色点斑。

栖息环境　栖息于农田、开阔草地及河流岸边的灌丛中。

保护级别	无	生态类型	鸣禽
居留类型	留鸟	体　长	16.5 cm

活动规律　常单独或成对活动，有时也见 3~5 只小群。雄鸟于突出处鸣叫。飞行振翼显无力。

食　性　主要以蚂蚁等小型昆虫为主食，偶尔也食杂草种子。

雀形目　扇尾莺科

208

黑喉山鹪莺

Prinia atrogularis

| 目 | 雀形目 PASSERIFORMES |
| 科 | 扇尾莺科 Cisticolidae |

外观特征 胸部有黑色纵纹，眉纹白色，上体褐色，两胁黄褐色，腹部皮黄色，脸颊灰色，尾长。

栖息环境 栖息于低山及山区森林的草丛和低矮植被下。

活动规律 结活跃喧闹的家族群活动。活动时在枝叶丛中跳跃，有时也见在地面奔跑。

食　性 主要以昆虫为食，也食少量植物种子和果实。

| 保护级别 | 无 | 生态类型 | 鸣禽 |
| 居留类型 | 留鸟 | 体　长 | 16 cm |

小知识

黄腹山鹪莺的尾羽具有逆向
变化的现象：一般鸟类在繁殖期
尾羽变长，以此来吸引异性，但
黄腹山鹪莺和纯色山鹪莺的尾羽
在繁殖期则变短，此为鸟类中少
见的逆向变化现象。

黄腹山鹪莺

Prinia flaviventris

目	雀形目 PASSERIFORMES
科	扇尾莺科 Cisticolidae
俗名	黄腹鹪莺

外观特征 喉及胸白色，以下胸及腹部黄色为其特征。头灰色，有时具浅淡近白色的短眉纹，上体橄榄绿色，腿部皮黄色或棕色。换羽导致羽色有异。繁殖期尾较短，雄鸟上背近黑色较多（雌鸟炭黑色），冬季粉灰色。

栖息环境 栖息于芦苇沼泽、高草地及灌丛。

活动规律 甚惧生，藏匿于高草丛或芦苇丛中，仅在鸣叫时栖于高秆，扑翼时发出清脆声响。冬季集群觅食，繁殖期分散觅食，常在芦苇丛枝头鸣叫炫耀。

食 性 主要以昆虫为食。

| 保护级别 | 无 | 生态类型 | 鸣禽 |
| 居留类型 | 留鸟 | 体 长 | 13 cm |

雀形目 扇尾莺科

210

纯色山鹪莺

Prinia inornata

目	雀形目 PASSERIFORMES
科	扇尾莺科 Cisticolidae
俗名	褐头鹪莺、纯色鹪莺

外观特征 体型略大而尾长的偏棕色鹪莺。眉纹色浅，上体暗灰褐色，下体淡皮黄色至偏红色，背色较浅且较褐山鹪莺色单纯。

栖息环境 栖息于芦苇沼泽、高草地、玉米地及灌丛。

活动规律 结小群活动，常于树上、草茎间或在飞行时鸣叫。

食　　性 主要以昆虫为食。

| 保护级别 | 无 | 生态类型 | 鸣禽 |
| 居留类型 | 留鸟 | 体　长 | 15 cm |

强脚树莺

Cettia fortipes

目	雀形目 PASSERIFORMES
科	莺科 Sylviidae
俗名	山树莺、告春鸟

外观特征 具形长的皮黄色眉纹，下体偏白色而染褐黄色，胸侧、两胁及尾下覆羽尤为如此。

栖息环境 栖息于林下灌丛、果园、茶园、农耕地及村舍竹丛中。

活动规律 易闻其声但难见其影。

食　　性 主要以昆虫为食。

保护级别	无	生态类型	鸣禽
居留类型	留鸟	体　长	12 cm

长尾缝叶莺

Orthotomus sutorius

目	雀形目 PASSERIFORMES
科	莺科 Sylviidae
俗名	普通缝叶莺、裁缝鸟、红鼻头

外观特征　尾长而常上扬，额及前顶冠棕色，眼先及头侧近白色，后顶冠及颈背偏暗，背、两翼及尾橄榄绿色，下体白色而两胁灰色。繁殖期雄鸟的中央尾羽由于换羽而更显延长。

栖息环境　栖息于农田、果园、公园、庭院等人类居住区附近的树丛、人工林和灌丛。

活动规律　性活泼，不停地活动或发出刺耳尖叫声。

食　性　主要以昆虫为食，也食少量植物果实和种子。

保护级别	无	生态类型	鸣禽
居留类型	留鸟	体　长	12 cm

雀形目　莺科

213

褐柳莺

Phylloscopus fuscatus

目	雀形目 PASSERIFORMES
科	莺科 Sylviidae
俗名	达达跳、嘎叭嘴、褐色柳莺

外观特征 外形甚显紧凑而墩圆，两翼短圆，尾圆而略凹，上体灰褐色，飞羽有橄榄绿色的翼缘，嘴细小，腿细长，下体乳白色，胸及两胁沾黄褐色。

栖息环境 隐匿于沿溪流、沼泽周围及森林中潮湿灌丛的浓密低植被之下。

活动规律 翘尾并轻弹尾及两翼。

食　　性 主要以昆虫为食。

保护级别	三有物种	生态类型	鸣禽
居留类型	冬候鸟	体　长	11 cm

雀形目　莺科

214

巨嘴柳莺

Phylloscopus schwarzi

目	雀形目 PASSERIFORMES
科	莺科 Sylviidae
俗名	厚嘴柳莺、大眉草串儿、健嘴丛树莺

外观特征 中等体型的橄榄褐色而无斑纹的柳莺。尾较大而略分叉，嘴形厚而似山雀，眉纹前端皮黄色至眼后成奶油白色，眼纹深褐色，脸侧及耳羽具散布的深色斑点，下体污白色，胸及两胁沾皮黄色，尾下覆羽黄褐色，背有些驼，较烟柳莺体大而壮，眉纹长而宽且多橄榄色。

栖息环境 栖息于阔叶林下灌丛。

活动规律 尾及两翼常轻微抖动。

食　　性 主要以昆虫为食。

保护级别	三有物种	生态类型	鸣禽
居留类型	冬候鸟	体　长	12.5 cm

黄腰柳莺

Phylloscopus proregulus

目	雀形目 PASSERIFORMES
科	莺科 Sylviidae
俗名	黄尾根柳莺、黄腰丝柳串儿

外观特征 上体橄榄绿色，长有黄色的粗眉纹和适中的顶纹，腰部柠檬黄色，翅膀上有二道浅色的斑纹，下体灰白色，臀部浅黄色。

栖息环境 栖息于针叶林、针阔叶混交林和稀疏的阔叶林。

活动规律 常与其他柳莺混群活动，在林冠层穿梭跳跃。

食 性 主要以昆虫为食。

保护级别	三有物种	生态类型	鸣禽
居留类型	冬候鸟	体 长	9 cm

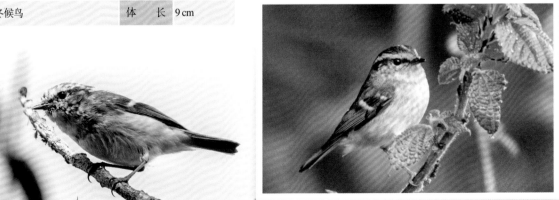

雀形目 莺科

216

黄眉柳莺

Phylloscopus inornatus

目	雀形目 PASSERIFORMES
科	莺科 Sylviidae
俗名	树串儿、白目睚丝、槐串儿、树叶儿

外观特征　通常具二道明显的近白色翼斑，纯白色或乳白色的眉纹而无可辨的顶纹，下体色彩从白色变至黄绿色。与极北柳莺的区别在上体较鲜亮，翼纹较醒目且三级飞羽羽端白色。与分布无重叠的淡眉柳莺的区别在上体较鲜亮，绿色较浓。与黄腰柳莺及四川柳莺的区别为无浅色顶纹，而与暗绿柳莺的区别在体型较小且下嘴色深。

栖息环境　栖息于针叶林、针阔叶混交林和稀疏的阔叶林。

活动规律　常单独或三五成群活动，很少见其集成大群活动。由于体小色绿，除非听到鸣叫声或从一棵树飞到另一棵树进行短距离蹿飞时，通常难以发现。它很少落地，晨昏为活动高峰期。

食　性　主要以昆虫为食。

保护级别	三有物种	生态类型	鸣禽
居留类型	冬候鸟	体　长	11 cm

◆薄顺奇 摄

淡脚柳莺

Phylloscopus tenellipes

目	雀形目 PASSERIFORMES
科	莺科 Sylviidae
俗名	灰脚柳莺

外观特征 上体橄榄褐色，具二道皮黄色的翼斑（春季迁徙期由于磨损往往仅见一道翼斑），白色的长眉纹（眼前方皮黄色），过眼纹橄榄色，嘴甚大，腿浅粉色，腰及尾上覆羽为清楚的橄榄褐色，下体白色，两胁沾皮黄灰色。较极北柳莺褐色较重，较乌嘴柳莺嘴小且嘴色淡。

栖息环境 栖息于山间茂密的林下植被，冬季栖息于红树林及灌丛。

保护级别	三有物种	生态类型	鸣禽
居留类型	旅鸟	体　长	11 cm

活动规律 惧生，隐匿于较低层，轻松活泼地来回跳跃，以特殊的方式向下弹尾。

食　　性 主要以昆虫为食。

冕柳莺

Phylloscopus coronatus

目	雀形目 PASSERIFORMES
科	莺科 Sylviidae
俗名	东冠莺

外观特征　长有近白色的眉纹和顶纹，眼先及过眼纹黑色，上体绿橄榄色，翅膀边缘黄色并有一道黄白色斑纹，下体近白色，与柠檬黄色的臀成对比。

栖息环境　栖息于红树林、林地及林缘。

活动规律　常加入混合鸟群活动。通常见于较大树木的树冠层。

食　　性　主要以昆虫为食。

保护级别	三有物种	生态类型	鸣禽
居留类型	旅鸟	体　长	12 cm

黑眉柳莺

Phylloscopus ricketti

目	雀形目 PASSERIFORMES
科	莺科 Sylviidae

外观特征 上体亮绿色，头顶中央自额基至后颈有一条淡绿黄色中央冠纹极为显著，头顶两侧各有一条黑色侧冠纹，眉纹黄色，贯眼纹黑色颈背具灰色细纹，翅上有两道淡黄色翅斑，下体亮黄色，两胁沾绿色。

栖息环境 栖息于低山山地阔叶林和次生林中，也栖息于混交林、针叶林、林缘灌丛和果园。

保护级别	三有物种	生态类型	鸣禽
居留类型	夏候鸟	体　长	10.5 cm

活动规律 性活泼。常在树上枝叶间跳来跳去，也在林下灌丛中活动和觅食，鸣声响亮。

食　性 主要以昆虫为食。

雀形目　莺科

220

◆陈什旺 摄

比氏鹟莺

Seicercus valentini

目	雀形目 PASSERIFORMES
科	莺科 Sylviidae

外观特征 前额黄绿色，黑色的顶纹和侧冠明显，但到前额处逐渐模糊，头顶灰蓝色。多数个体翅斑明显，金色眼圈后缘完整，下体柠檬黄色，外侧两枚尾羽白色区域较大。

栖息环境 栖息于常绿阔叶林和次生林中。

活动规律 多隐匿于林下层，常形成混合鸟群。

食　　性 主要以昆虫为食。

保护级别	无	生态类型	鸣禽
居留类型	夏候鸟	体　长	13 cm

雀形目 莺科

221

栗头鹟莺

Seicercus castaniceps

<table>
<tr><td>目</td><td>雀形目 PASSERIFORMES</td></tr>
<tr><td>科</td><td>莺科 Sylviidae</td></tr>
</table>

外观特征 体型甚小的橄榄色莺。顶冠红褐色，侧顶纹及过眼纹黑色，眼圈白色，脸颊灰色，翼斑黄色，腰及两胁黄色，胸灰色，腹部黄灰色。

栖息环境 栖息于山区森林。

活动规律 常与其他种类混群，在小树树冠觅食。

食　　性 主要以昆虫为食。

保护级别	无	生态类型	鸣禽
居留类型	冬候鸟	体　长	9 cm

◇陈佃旺　摄

雀形目　莺科

222

棕脸鹟莺

Abroscopus albogularis

目	雀形目 PASSERIFORMES
科	莺科 Sylviidae

外观特征 头栗色，具黑色侧冠纹，上体绿色，腰黄色，下体白色，颏及喉杂黑色点斑，上胸沾黄色，与栗头鹟莺的区别在头侧栗色，白色眼圈不显著且无翼斑。

栖息环境 栖息于常绿林及竹林密丛。

保护级别	无	生态类型	鸣禽
居留类型	留鸟	体　长	10 cm

活动规律 常结小群活动。鸣声特别。

食　　性 主要以昆虫为食。

暗绿绣眼鸟

Zosterops japonicus

目	雀形目 PASSERIFORMES
科	绣眼鸟科 Zosteropidae
俗名	相思仔、白眼圈、绿豆鸟、白目眶、粉眼儿、金眼圈、绣眼儿

外观特征　上体鲜亮绿橄榄色，具明显的白色眼圈和黄色的喉及臀部，胸及两胁灰色，腹白色，嘴灰色，脚偏灰色。

栖息环境　栖息于林缘、城镇、公园。

活动规律　结成群活动。性活泼而喧闹。

食　性　主要以小型昆虫及植物、浆果、花蜜为食。

保护级别	三有物种	生态类型	鸣禽
居留类型	留鸟	体长	10 cm

雀形目　绣眼鸟科

224

红头长尾山雀

Aegithalos concinnus

| 目 | 雀形目 PASSERIFORMES |
| 科 | 长尾山雀科 Aegithalidae |

外观特征 头顶及颈背棕红色，过眼纹宽而黑，白色的颏及喉部有一黑色大斑块，下体白色带有不同程度的栗色。

栖息环境 栖息于次生阔叶林、针阔混交林及果园。

活动规律 性活泼，结大群活动，常与其他种类混群。

食 性 主要以鞘翅目和鳞翅目等昆虫为食。

| 保护级别 | 三有物种 | 生态类型 | 鸣禽 |
| 居留类型 | 留鸟 | 体 长 | 10 cm |

据研究发现，大山雀一个昼夜吃的昆虫数量约等于其自身的体重。它捕食的昆虫种类很广泛，其食物中 74.74% 为昆虫，其中绝大部分为果树害虫，如梨象甲、青刺蛾、金龟甲、天牛幼虫、苹果天社蛾、椿象等。

大山雀

Parus major

目	雀形目 PASSERIFORMES
科	山雀科 Paridae
俗名	白脸山雀

外观特征 头部和喉部为黑色，头两侧颊部有大块白斑，上体蓝灰色，背部略显绿色，下体灰白色，胸、腹部与一宽阔的中央纵纹与喉部黑色相连。

栖息环境 栖息于次生阔叶林、针阔混交林和红树林，也光顾果园、道旁及房屋庭院。

活动规律 成对或结小群活动。性活泼。

食　性 主要以昆虫为食，也食蜘蛛、蜗牛、草籽、花等食物。

保护级别	三有物种	生态类型	鸣禽
居留类型	留鸟	体　长	14 cm

226

黄颊山雀

Parus spilonotus

目	雀形目 PASSERIFORMES
科	山雀科 Paridae
俗名	花奇公、催耕鸟

外观特征　冠羽显著，头部具黑色及黄色斑纹。雌鸟多绿黄色，具两道黄色翼纹。

栖息环境　栖息于次生阔叶林及针阔叶混交林中。

活动规律　常成对或成小群活动，有时也和大山雀等其他小鸟混群。性活泼，整天不停地在大树顶端枝叶间跳跃穿梭，或在树丛间飞来飞去，也到林下灌丛和低枝上活动和觅食。

食　　性　主要以昆虫为食，也食草籽、花等。

保护级别	三有物种	生态类型	鸣禽
居留类型	留鸟	体　长	14 cm

红胸啄花鸟

Dicaeum ignipectus

目	雀形目 PASSERIFORMES
科	啄花鸟科 Dicaeidae
俗名	红心肝、火胸啄花鸟

外观特征 雄鸟上体闪辉深绿蓝色，下体皮黄色，胸具猩红色的块斑，一道狭窄的黑色纵纹沿腹部而下。雌鸟下体赭皮黄色。

栖息环境 栖息于开阔的田野、山丘、次生阔叶林和树丛中。

活动规律 通常 3~5 只成群活动于高树顶处，有时也同绣眼鸟等混群。常在盛开花朵的树上结群觅食，特别是在冬季和干旱季节。花果不如春夏繁茂时，结群活动更为常见。

食　性 主要以昆虫和植物果实为食。因为喜欢将头探入花中，用前端呈管状的分叉舌头吸食花蜜而得名。

保护级别	无	生态类型	鸣禽
居留类型	留鸟	体　长	9 cm

叉尾太阳鸟

Aethopyga christinae

目	雀形目 PASSERIFORMES
科	花蜜鸟科 Nectariniidae
俗名	燕尾太阳鸟

外观特征 顶冠及颈背金属绿色，上体橄榄色或近黑色，腰黄色，尾上覆羽及中央尾羽闪辉金属绿色，中央两尾羽有尖细的延长，外侧尾羽黑色而端白色，头侧黑色而具闪辉绿色的髭纹和绛紫色的喉斑，下体余部污橄榄白色。雌鸟甚小，上体橄榄色，下体浅绿黄色。

栖息环境 栖息于森林、城镇及村庄有林地区，常见于开花的矮丛及树木顶冠。

活动规律 性情活跃，不畏人，行动敏捷，总是不停地在枝梢间跳跃飞行。常单独活动，有时成对，或结二十只左右的小群。

食　　性 一般吃花蜜、嫩芽和小型昆虫。

保护级别	三有物种	生态类型	鸣禽
居留类型	留鸟	体　长	10 cm

雀形目　花蜜鸟科

229

山麻雀

Passer rutilans

目	雀形目 PASSERIFORMES
科	雀科 Passeridae
俗名	红雀、赭麻雀、黄雀、山只只

外观特征 雄鸟顶冠及上体为鲜艳的黄褐色或栗色，上背具纯黑色纵纹，喉黑色，脸颊污白色。雌鸟色较暗，具深色的宽眼纹及奶油色的长眉纹。

栖息环境 栖息于林缘疏林、灌丛和草丛中，不喜欢茂密的大森林，有时也到村镇和居民点附近的农田、河谷、果园、岩石草坡、房前屋后和路边树上活动和觅食。

活动规律 性喜结群，除繁殖期间单独或成对活动外，其他季节多呈小群，在树枝或灌丛间飞来飞去或飞上飞下。飞行力较其他麻雀强，活动范围亦较其他麻雀大。

食　　性 杂食性，主要以植物性食物和昆虫为食。

保护级别	三有物种	生态类型	鸣禽
居留类型	留鸟	体　长	14 cm

小知识

俗话说："麻雀虽小，五脏俱全"，比喻事物体积或规模虽小，具备的内容却很齐全。"麻雀小"反映了这一事物的特殊性，"五脏全"反映了这一类事物的普遍性。

麻雀

Passer montanus

目	雀形目 PASSERIFORMES
科	雀科 Passeridae
俗名	树麻雀、霍雀、瓦雀、嘉宾、硫雀、家雀、只只

外观特征 顶冠及颈背褐色，雌雄同色。成鸟上体近褐色，下体皮黄灰色，颈背具完整的灰白色领环。与家麻雀及山麻雀的区别在于脸颊具明显的黑色点斑，且喉部黑色较少。

栖息环境 栖息于城镇、村庄、田野、公园。

活动规律 群居。

食　　性 主要以草籽、谷物、昆虫为食。

保护级别	三有物种	生态类型	鸣禽
居留类型	留鸟	体　长	14 cm

雀形目　雀科

231

白腰文鸟

Lonchura striata

目	雀形目 PASSERIFORMES
科	梅花雀科 Estrildidae
俗名	白丽鸟、十姐妹

外观特征　上体深褐色，具尖形的黑色尾，腰白色，腹部皮黄白色。背上有白色纵纹，下体具细小的皮黄色鳞状斑及细纹。

栖息环境　栖息于低山丘陵，常出现于农田及花园。

活动规律　性喧闹吵嚷。结小群活动。

食　　性　主要以植物种子、果实、叶芽等为食，也食少量昆虫。

保护级别	无	生态类型	鸣禽
居留类型	留鸟	体　长	11 cm

雀形目　梅花雀科

252

斑文鸟

Lonchura punctulata

目	雀形目 PASSERIFORMES
科	梅花雀科 Estrildidae
俗名	禾谷、算命鸟、衔珠鸟

外观特征 上体褐色，羽轴白色而成纵纹，喉红褐色，下体白色，胸及两胁具深褐色鳞状斑。亚成鸟下体浓皮黄色而无鳞状斑。

栖息环境 栖息于耕地、稻田、花园及次生灌丛等环境的开阔多草地块。

活动规律 成对或与其他文鸟混成小群活动。具典型的文鸟摆尾习性且活泼好飞。

食　性 主要以谷粒等农作物为食，也食草子和其他野生植物果实与种子，繁殖期间也食部分昆虫。

保护级别	无	生态类型	鸣禽
居留类型	留鸟	体　长	10 cm

燕雀

Fringilla montifringilla

| 目 | 雀形目 PASSERIFORMES |
| 科 | 燕雀科 Fringillidae |

外观特征 中等体型而斑纹分明的壮实型雀鸟。胸棕色而腰白色。成年雄鸟头及颈背黑色,背近黑色,腹部白色,两翼及叉形的尾黑色,有醒目的白色"肩"斑和棕色的翼斑,且初级飞羽基部具白色点斑。非繁殖期的雄鸟与繁殖期雌鸟相似,但头部图纹明显为褐色、灰色及近黑色。

栖息环境 栖息于落叶阔叶林及针叶林林间空地。

活动规律 繁殖期成对活动,其他季节成群活动。喜跳跃和波动飞行。

食　　性 主要以植物果实、种子等为食。

| 保护级别 | 无 | | 生态类型 | 鸣禽 |
| 居留类型 | 冬候鸟、旅鸟 | | 体　长 | 16 cm |

雀形目　燕雀科

234

金翅雀

Carduelis sinica

目	雀形目 PASSERIFORMES
科	燕雀科 Fringillidae
俗名	黄鸟、金雀、芦花黄雀

外观特征 具宽阔的黄色翼斑，成年雄鸟顶冠及颈背灰色，背纯褐色，翼斑、外侧尾羽基部及臀黄色。雌鸟色暗。幼鸟色淡且多纵纹。

栖息环境 栖息于灌丛、旷野、人工林及林缘地带。

活动规律 常单独或成对活动，秋冬季成群活动，有时集群多达数十只甚至上百只。

食　性 主要以植物果实、种子等为食。

保护级别	无	生态类型	鸣禽
居留类型	留鸟	体　长	13 cm

黑尾蜡嘴雀

Eophona migratoria

目	雀形目 PASSERIFORMES
科	燕雀科 Fringillidae
俗名	黄弹鸟、黄楠鸟、芦花黄雀、绿雀、金翅

外观特征 黄色的嘴硕大而端黑，繁殖期雄鸟外形极似有黑色头罩的大型灰雀，体灰色，两翼近黑色。与黑头蜡嘴雀的区别在嘴端黑色，初级飞羽、三级飞羽及初级覆羽羽端白色，臀黄褐色。雌鸟似雄鸟，但头部黑色少。幼鸟似雌鸟，但褐色较重。

栖息环境 栖息于低山和山脚平原地带的阔叶林、针阔叶混交林、次生林和人工林中。

活动规律 繁殖期间单独或成对活动，非繁殖期成群活动，有时集成数十只的大群。树栖性，频繁地在树冠层枝叶间跳跃或来回飞翔，或从一棵树飞至另一棵树，飞行迅速，两翅鼓动有力，在林内常一闪即逝。性活泼而大胆，不甚怕人。

食　性 主要以植物性食物为食。

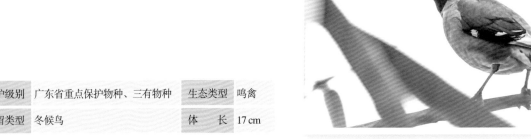

雀形目　燕雀科

保护级别	广东省重点保护物种、三有物种	生态类型	鸣禽
居留类型	冬候鸟	体　长	17 cm

236

◆陈杰 摄

凤头鹀

Melophus lathami

目	雀形目 PASSERIFORMES
科	鹀科 Emberizidae
俗名	蜡嘴雀、窃脂、青雀、大蜡嘴

外观特征 具特征性的细长羽冠。雄鸟辉黑色，两翼及尾栗色，尾端黑色。雌鸟深橄榄褐色，上背及胸满布纵纹，较雄鸟的羽冠为短，翼羽色深且羽缘栗色。

栖息环境 栖息于中国南方丘陵开阔地面及矮草地。

活动规律 一般单独或成对生活，很少结群。活动取食多在地面。性颇怯疑，一见远处有人即行飞去。

食　　性 主要以植物性食物为食，如麦粒、薯类、杂草种子和植物碎片等，也食少量昆虫。

| 保护级别 | 三有物种 | 生态类型 | 鸣禽 |
| 居留类型 | 留鸟 | 体　长 | 17 cm |

◆陈杰 摄

◆陈杰 摄

雀形目 鹀科

三道眉草鹀

Emberiza cioides

目	雀形目 PASSERIFORMES
科	鹀科 Emberizidae
俗名	大白眉、三道眉、犁雀儿、韩鹀、山带子、山麻雀、小栗鹀

外观特征 具醒目的黑白色头部图纹和栗色的胸带，以及白色的眉纹、上髭纹并颏及喉。繁殖期雄鸟脸部有别致的褐色及黑白色图纹，胸栗色，腰棕色。雌鸟色较淡，眉线及下颊纹皮黄色，胸浓皮黄色。

栖息环境 栖息于草丛中、矮灌木间、岩石上，或空旷而无掩蔽的地面、玉米秆上、电线或电线杆上等。

活动规律 冬季常见成群活动，由数十只结集在一起。繁殖时则分散成对活动。雄鸟有美妙动听的歌声，特别是在繁殖期。

食　性 冬春季食物以野生草种为主，夏季以昆虫为主。

保护级别	三有物种	生态类型	鸣禽
居留类型	留鸟、冬候鸟	体　长	16 cm

雀形目　鹀科

◆陈什旺 摄

白眉鹀

Emberiza tristrami

目	雀形目 PASSERIFORMES
科	鹀科 Emberizidae

外观特征 成年雄鸟头部的黑白图纹对比明显，喉黑色，棕色腰上无纵纹。雌鸟及非繁殖期雄鸟色暗，雌鸟的头部对比较少，但图纹似繁殖期的雄鸟。

栖息环境 栖息于山坡林下的浓密棘丛。

活动规律 常结成小群活动。

保护级别	三有物种	生态类型	鸣禽
居留类型	冬候鸟	体 长	15 cm

食 性 主要以草籽等植物性食物为食，也食昆虫。

◇薄顺奇 摄

栗耳鹀

Emberiza fucata

目	雀形目 PASSERIFORMES
科	鹀科 Emberizidae
俗名	道儿、小白眉、五道眉、白三道儿

外观特征　繁殖期雄鸟的栗色耳羽与灰色的顶冠及颈侧成对比，颈部图纹独特，为黑色下颊纹下延至胸部与黑色纵纹形成的项纹相接，并与喉及其余部位的白色及棕色胸带上的白色成对比。雌鸟及非繁殖期雄鸟相似，但色彩较淡而少特征，似第一冬的圃鹀，但区别在耳羽及腰多棕色，尾侧多白色。

栖息环境　栖息于浓密的灌丛中。

活动规律　冬季成群活动。

食　　性　主要以草籽、谷物为食。

保护级别	三有物种	生态类型	鸣禽
居留类型	冬候鸟	体　长	16 cm

雀形目　鹀科

240

小鹀

Emberiza pusilla

目 雀形目 PASSERIFORMES

科 鹀科 Emberizidae

外观特征 繁殖期成鸟体小而头具黑色和栗色条纹，眼圈色浅。冬季雄雌两性耳羽及顶冠纹暗栗色，颊纹及耳羽边缘灰黑色，眉纹及第二道下颊纹暗皮黄色，上体褐色而带深色纵纹，下体偏白色，胸及两胁有黑色纵纹。

栖息环境 栖息于低山丘陵、灌丛、草地。

活动规律 非繁殖期结群活动，常与鹨类混群。

食　　性 主要以植物种子、果实及昆虫为食。

保护级别	三有物种	生态类型	鸣禽
居留类型	冬候鸟	体　　长	13 cm

雀形目　鹀科

241

田鹀

Emberiza rustica

目	雀形目 PASSERIFORMES
科	鹀科 Emberizidae
俗名	禾花雀、黄胆、黄豆瓣、麦黄雀、金鹀、白肩鹀

外观特征　成年雄鸟头部具黑白色条纹，颈背、胸带、两胁纵纹及腰棕色，略具羽冠，腹部白色。雌鸟及非繁殖期雄鸟相似，但白色部位色暗，染皮黄色的脸颊后方通常具一近白色点斑。

栖息环境　栖息于平原的杂木林、灌丛和沼泽草甸中，也见于低山的山麓及开阔田野。

活动规律　迁徙时成群并与其他鹀类混群，但冬季常单独活动，不甚畏人。

食　　性　主要以草籽、谷物为食。

保护级别	三有物种	生态类型	鸣禽
居留类型	冬候鸟	体　长	14.5 cm

◆池鸿健 摄

黄喉鹀

Emberiza elegans

目	雀形目 PASSERIFORMES
科	鹀科 Emberizidae

外观特征 腹白色，头部图纹为清楚的黑色及黄色，具短羽冠。雌鸟似雄鸟，但色暗，褐色取代黑色，皮黄色取代黄色。与田鹀的区别在脸颊褐色而无黑色边缘，且脸颊后无浅色块斑。

栖息环境 栖息于丘陵及山脊的干燥落叶林及混交林。越冬在多阴林地、森林及次生灌丛。

活动规律 繁殖期间单独或成对活动，非繁殖期间，特别是迁徙期间多成群，沿林间公路和河谷等开阔地带活动。性活泼而胆小，频繁地在灌丛与草丛中跳来跳去或飞上飞下，有时亦栖息于灌木或幼树顶枝上，见人后又立刻落入灌丛中或飞走。多沿地面低空飞翔，觅食亦多在林下层灌丛与草丛中或地上，有时也到乔木树冠层枝叶间觅食。

食　性 主要以昆虫为食。

保护级别	三有物种	生态类型	鸣禽
居留类型	冬候鸟	体　长	15 cm

◆薄顺奇 摄

雀形目 鹀科

243

灰头鹀

Emberiza spodocephala

目 雀形目 PASSERIFORMES

科 鹀科 Emberizidae

外观特征 雄鸟头、颈背及喉灰色，眼先及颏黑色，上体余部浓栗色而具明显的黑色纵纹，下体浅黄色或近白色，肩部具一白色斑，尾色深而带白色边缘。雌鸟及冬季雄鸟头橄榄色，过眼纹及覆羽下的月牙形斑纹黄色。

栖息环境 栖息于山区的河谷溪流、芦苇地、灌丛及林缘和较稀疏的林地、耕地等。

活动规律 常成小群活动，除繁殖期成对外，也有单独活动者。

食　　性 主要以杂草种子为食，也食少量昆虫。

保护级别	三有物种	生态类型	鸣禽
居留类型	冬候鸟	体　长	14 cm

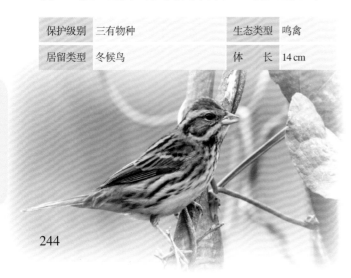

雀形目　鹀科

244

中文名索引

拉丁学名索引

后 记

AFTERWORD

———

　　《广东乐昌鸟类图鉴》的出版，使人们通过此书进一步认识了解野生鸟类是自然界生物链中的重要一环，是人类不可或缺的朋友，提高人们自觉遵守《中华人民共和国野生动物保护法》的意识，使人们更自觉、更积极、更热情地加入到爱鸟护鸟的队伍中来，使野生鸟类能得到更有效的保护，对构建与野生鸟类共同生存的自然生态空间贡献微薄之力。

　　该书记录了乐昌现有的野生鸟类244种，描述了野生鸟类的外观特征、栖息环境、活动规律、食性、居留类型和保护级别等信息，为人们了解、识别鸟类提供了帮助，也建立了乐昌比较完整的野生鸟类档案。该书的出版，为乐昌保护生态环境、研究鸟类的生存状态、制定保护野生鸟类的措施提供了可参考的素材，也为乐昌的科普宣传教育工作提供了集知识性、专业性、科普性、观赏性、实用性于一体的参考资料。希望此书能成为鸟类爱护者和相关研究部门了解乐昌野生鸟类的参考书目。

　　此书的出版凝结了乐昌林业部门多年来在保护野生动物工作方面取得的观察和调查成果，也是鸟类保护志愿者多年坚持搜集乐昌鸟类图片所取得的成果，为乐昌的鸟类资料增添了一笔宝贵的财富。

　　此书的顺利出版，得到了广东省科学院的领导、广东省生物资源应用研究所的专业人士，以及韶关市林业局、乐昌市大澎皮具有限公司、乐昌市民昇广告装饰部的大力支持与帮助，在此深表感谢。

　　由于野生鸟类生性隐蔽、胆小、机警，有几种鸟类在乐昌拍摄时没有取得理想的拍摄图片，采用了在外地拍摄的图片资料。由于时间仓促，书中难免存在不足之处，恳请专家与同行批评指正。

编者

2018 年 12 月